The Big Idea

［英］萨莉·海因斯 著

刘宁宁 译　［英］马修·泰勒 编

性别是
流动的吗？

21世纪读本

中信出版集团｜北京

目录
Contents

导言
Introduction

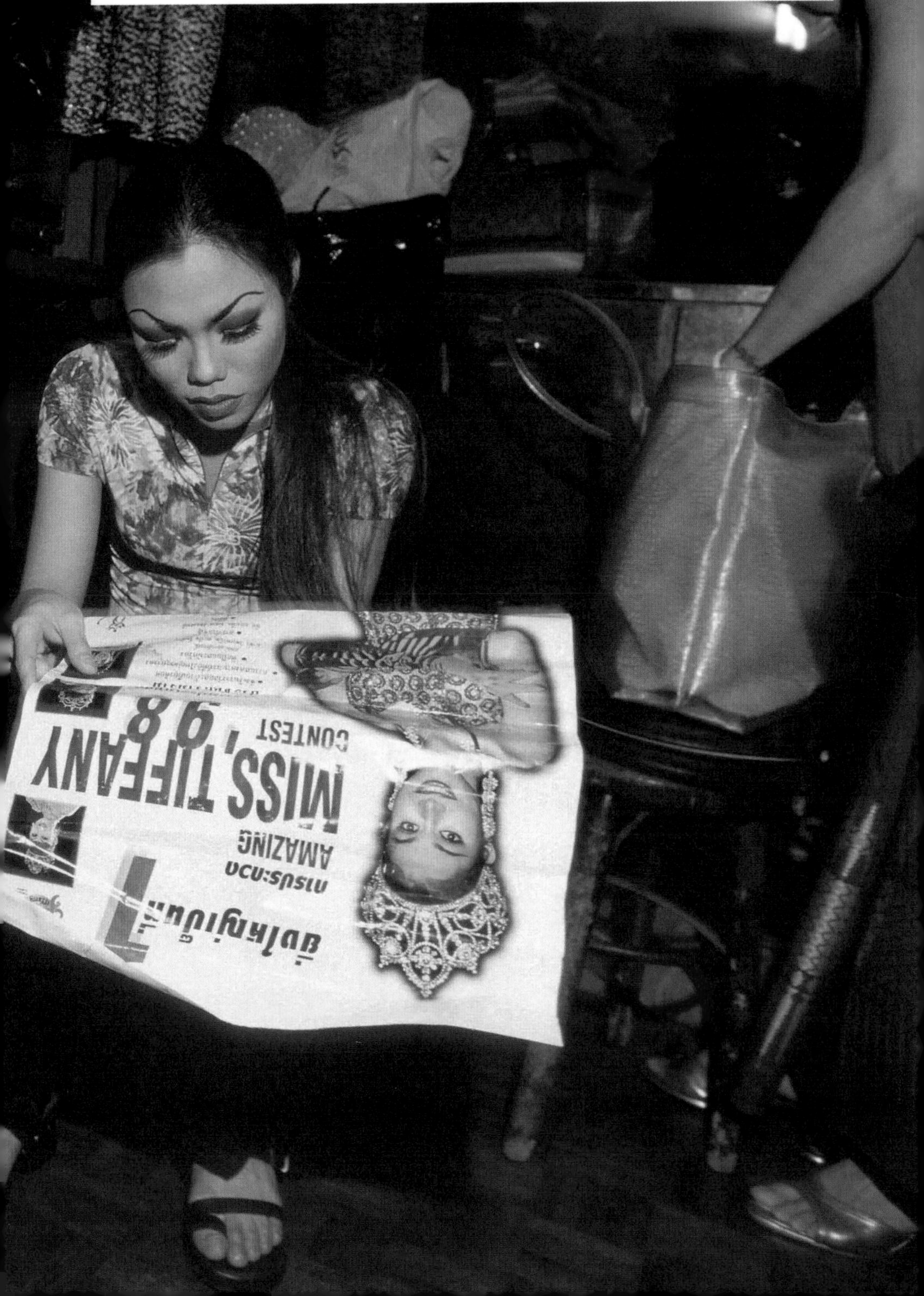

A

本书通过探索关于"性别"（gender，社会性别）的
不同理解和经验，检视"性别"这个概念本身的意涵。
你很快就会发现，"性别究竟是什么？"这个疑问无法
得到直截了当的回答。例如，在本书中，"sex"这个
术语一般指涉的是生物学上的特征，而"gender"侧
重于社会和文化方面的因素。

> "sex"和"gender"之间的关系
> 有些复杂，而且对于如何理解"性
> 别"（gender），实际上存在几种
> 全然不同的方式。

对某些人而言，性别衍生自"性"的生物学和生殖特
性，也就是说，生理的、激素的和染色体方面的差异，
是将男性和女性区分开来的决定性因素。而对另一些
人来说，性别是社会规范的某种表达。借由这些混合
了行为、角色和期待的社会规范，社会得以界定什么
是女人，什么是男人。许多人认为，性别混合了上述

这些生物学和社会学因素。不过，时至今日，越来越多人声称，性别并非与生俱来，而是能被更加丰富多样的方式来理解和表达。

此外，安妮·福斯托－斯特林（Anne Fausto-Sterling，1944— ）和科迪莉亚·法恩（Cordelia Fine，1975— ）等科学家也通过研究向我们强调，不同性别之间在体格和生理机能方面的差异，并非如普遍看法的那样"一刀切"。从上述任一视角出发，或许都可以这样理解，性别在一定程度上是可以改变的，具有可塑性的——换个方式来说，我们可以将性别看成"会流动"（fluid）的。

"性别具有流动性"这一观念告诉我们，性别不是由生物学来确定的，而是会根据社会的、文化的以及个人的偏好而转变。

A 20 世纪 60 年代雀巢的一则杂志广告，展现了核心家庭中的传统性别角色。

B 1981 年，在加利福尼亚州旧金山，跨性别女性在酒店客房内摆 pose。虽然人们对跨性别者的认可度与日俱增，但美国精神病协会（American Psychiatric Association）在 1980 年仍将其划归为具有"性别认同障碍"（gender identity disorder）的人。

A

性别认同（gender identity）指的是每个人对于自身作为男性、女性、双性混合体或两性皆非的内在感觉。这是人们认定自身是谁的核心部分。

性别表达（gender expression）是指个体怎样向世界展现他们的性别，世界如何影响和塑造他们的性别。这与性别角色以及社会如何强制个体去遵守这些角色有关。

性别流动（genderfluid）是指性别流动者体验到，他们的性别认同在不同时间会发生改变，或是会在不同情境之间变换，并且他们感到不会为任何一种性别认同所限制。

性别波动（genderflux）是指性别波动者感到他们对（某一）性别的认同程度时强时弱。

非二元（non-binary）用来描述在男性和女性的二元分类之外的性别认同或性别表达。

为了更易于理解，我们或许可以把性别想象成受三种因素综合作用。身体，或者说体征，包括每个人的肉身、人们对它的体验以及他人如何基于身体来与该个体互动等所组成的现实层面。性别的这一生理面向与性别认同和性别表达相互作用。某人的性别认同可以维持不变，也可以在不同时间切换；可以同他们与生俱来的生理性别一致或是相反；也可以借由他们的性别表达变得清晰或是矛盾。

近年来，"性别流动"或"性别波动"之类的术语，在公众意识中已经占有一席之地。性别非二元的观念越来越盛行，性别多样化者的可见度也日渐提高。"性别酷儿"和"无性别者"，时常用来描述未被传统意义上男人抑或女人这种二元定义所束缚的各种体验和认同。很多人的性别认同跨越了男性和女性的分类；也有些人声明，他们的性别认同已经随着时间转变而转变。

性别无处不在。它从根本上建构我们的生活，影响着一切：从我们孩童时期被鼓励去参与的各种活动，被期待去展示的各类行为，到青年时期学习的诸多科目，再到作为成年人所从事的职业以及承担的责任。然而我们时常觉察不到它的影响。

性别多样化（gender-diverse）是指性别多样化的人并不遵从其所处社会在性别化的体征、性别认同、性别表达或是综合以上诸种因素等方面的规范或价值观。这是一个广泛的类别，囊括了种类繁多的群体、习俗和体验。

性别酷儿（gender queer）与性别非二元类似，描述的是那些性别认同不处于男性气质或女性气质这类社会规范中的人，他们的性别认同在二元之间或之外。

无性别者（agender）认为自身没有性别，或是感觉他们的性别是缺失的或中立的。

A 以色列国防军加拉卡尔步兵营（Caracal infantry battalion）的几名士兵，该步兵营是男女混编的三个全战斗单位之一。

B 在澳大利亚悉尼的韦斯特米德医院（Westmead Hospital），男性助产士越来越多，但至 2017 年，女性助产士的人数仍以 327∶5 的比例远超男性助产士。

A

包容性写作（inclusive writing） 力图将法语中描述混合群体的复数两性词形都包括进来，以此实现语法上的性别中立。例如，某一群体由男性选民和女性选民组成，那么"électeurs"就应该写成"électeur.rice.s"。译者注："électeurs"为法语中"选民"一词的阳性复数形式，阴性复数形式为"électrices"。

具身化（embodiment） 指一个人生活中身体所感知的体验和事实。它既与一个人在社会期望的语境下体验自己身体的方式有关，也与这些期望影响自己身体的方式有关。

性别的运作对于我们的性别认同、亲密关系、日常经历以及社会和文化定位来说至关重要，但通常难以察觉。它们不仅作为一种外在因素组织起我们的生活，同时也影响我们想象的方式：我们如何想象自身生活以及周遭他人生活的各种可能。改变我们思考性别的方式，就是去改变我们的基本分类方式。改变对我们自身，对他人、动物，对一些语言和文化中的日常物品以及用来描述这些物品的词汇分类的方式。譬如在法语中，形容词的阴阳性取决于其所描绘的名词的阴阳性，一个群体里只要有一位男性，那么相应的名词默认是阳性，即便群体里其他成员都是女性。这曾引发争议，一些激进主义者为"包容性写作"而战，主张在言及混合性别群体时，将阴阳两性词形合二为一。

人们对于性别的理解和由此而来的惯例，从来就无法保持一致。

人们在日常生活中体验性别的方式，源于不同的历史、社会和文化框架。对什么才是典型的男性化或女性化的特征，人们的看法已经今非昔比；在某个国家对于一个男人或女人来说合乎习俗的言行，在另一个国度或许完全无法被接受。

试想在 21 世纪的英国，对于一位女性来说，什么是典型的或可被接受的行为？这种行为在 18 世纪的英国会是怎样，在 18 世纪或 21 世纪的沙特阿拉伯又会如何？即便处于同一社会，不同社群关于性别的规范和价值观的想法，也会有天壤之别。这与其他社会范畴紧密相关，譬如种族、社会阶层、性征及具身化。我们由于其他分类方法和权力体系所获得的社会地位，决定了我们的性别所处的社会地位。

A 图中画作题为《花花公子的画家，或酒窝比利坐画像》（*The Macaroni Painter, or Billy Dimple*，1772），来源：《18 世纪社会讽刺画》（*Social Caricature in the Eighteenth Century*）。其中一位花花公子穿着的画师在为另一位纨绔子弟作画，以讽刺手法表现了当时夸张的服装式样。花花公子就是以其对于着装的选择（脂粉气的）而出名。

B 有关 18 世纪巴黎男装时尚的印刷品（来源：大都会博物馆 1790—1829 年男装藏品），呈现了男人穿着紧身衣的情状。

交叉性（intersectionality）理论，由法律女性主义学者金伯蕾·克伦肖（Kimberlé Crenshaw, 1959— ）提出，试图分析不同压迫制度之间交互重叠的种种方式。该理论对于我们认清性别怎样与其他结构性的身份（诸如社会阶层和种族）相关联具有重要意义。譬如，工人阶层妇女的历史告诉我们，性别角色是通过关于社会阶层的种种理解和体验建构出来的。与之相似，种族与性别这一对分类体系可以协同运作，在其中任一或双重场域，压迫少数群体。

"交叉性"关涉如下事实：社会对于女人、男人或非二元个体的预期，向他们开放的各种可能性，以及对这些不同类别之间关系的见解，都是由文化塑造的。文化渗透在作为社会中心组织原则的性别关系中，塑造着生命中的一些重要内容。

不过，文化从来不是静止的。

性别究竟意味着什么，相关见解包罗万象，反映出全世界在社会、文化、政治、法律、宗教和经济方面情势各异。性别角色的建构事关众多因素。

A

A　传统男性劳力在重工业中较为典型，例如 1971 年被关闭的斯金宁格罗夫（Skinningrove）炼铁厂。在 20 世纪 70—80 年代的英国，无数的钢铁厂和煤电厂在撒切尔夫人的保守党治下关门。

B　20 世纪 70 年代中国的宣传海报，促进了女性加入劳动大军的观念转变。毛泽东希望中国的工业生产力可与西方匹敌。

举例而言，共产党执政前的中国，女性的角色很大程度上被看作是家庭内的和装饰性的。与之相对，中国共产党大力地宣传"妇女能顶半边天"这一口号，并在 2011 年将其作为案例，用以向联合国表达对性别平等的支持。妇女和女孩的生活在中国的一些大城市或许有所改善——女孩接受高等教育、妇女在职场工作的比例都很高——然而有关中国农村女性经历的研究告诉我们，未受教育的女性占比依然较高，低龄包办婚姻也有存在。换句话说，关于性别的理解和实践，不仅从历史的或跨文化的角度来看是多变的，即便在同一时段同一国家，也可以截然不同。

交叉性（intersectionality）力图阐明包括种族、阶层以及性别表达、具身化和能力在内的社会范畴之间交互作用，以制造压迫或歧视体系的种种途径。由此，上述范畴中的某个或多个压迫事例，应该放在共同的语境下一并分析。

联合国（United Nations）成立于 1945 年，首要目标是推动和平、人权和基本自由等方面的国际性合作。现有 193 个成员国。

性别除了同社会中其他的文化和结构性因素有关，还与父权制体系紧密相关。"父权制"这个术语已不同于其原初的意涵，女性主义作家如西尔维娅·沃尔比（Sylvia Walby, 1953— ）的《父权制的理论化》（*Theorizing Patriarchy*, 1990）对其进行了扩展，用于阐释男人得以剥削女人的社会制度。沃尔比从社会学视角提出父权制有六个相互关联的特征：（1）政权：女性在政府中的正式权力和代表权少于男性；（2）家庭：女性承担家务并养育子女的可能性高于男性；（3）暴力：女性更有可能遭受虐待；（4）有偿劳动：女性的薪酬通常可能低于男性；（5）性欲 (sexuality)：女性的性欲更有可能遭受负面的看待；（6）文化：在媒体和大众文化中，女性更容易被歪曲。沃尔比认为，男性主导的如上特征"在不同文化和不同时期均以不同形式"昭然可见。

本书将从多种角度审视性别，力图发掘不同的定义，以及在何种程度上性别可以被视为可流动的。

A/B 叶利·雷兹卡拉（Eli Rezkallah）的作品《在平行宇宙中》（*In a Parallel Universe*）是一系列虚构图像的合集，源自对 20 世纪 50—60 年代的真实广告的再创作。这一系列作品利用角色扮演诙谐地向当代的性别歧视发起挑战。

雷兹卡拉的创作灵感来自他"无意间听到叔伯们在谈论，女人最好就是烧饭、忙于灶间并履行她们'作为女人的职责'"。

A

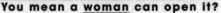

You mean a **woman** can open it?

You mean a **man** can open it?

父权制（patriarchy）最初指的是一个社会或政体由男性担任领袖，财产由男性后裔来继承，年纪最大的男性任一家之长。如今用来指称男性比女性拥有更多权力的社会制度。

能动性（agency）是指某一个体或群体独立运作或决策的能力。他们有选择以某种特定方式行动的能力，并且能够将其选择付诸实践。

第 1 章检视性别作为生物学性征的社会学表达，它在历史上的不同文化中是如何被理解的。第 2 章处理作为社会建构的性别，以及社会变革对于性别表达的影响。第 3 章探究处于女性和男性二元分类的交叉点，以及其之间或之外的诸多经验，以性别会流动作为结论。

> 本书关注作为社会建构的性别，
> 其可能会促发不平等并限制可能性，
> 此外也将揭示性别化的**能动性**。

第 4 章展现人们挑战性别结构的一些途径。考虑我们作为个体和社会性群体，如何质疑主流的性别化进程，以创造、思考和实践性别的其他可能途径。

A

本质主义（essentialist）
的观点以如下信念为基础：
每样事物都有一系列足以
定义它的特征——即其
"本质"——这对于它的身份
和功能来说是根本性的。

**性别二型性（sexual
dimorphism）**指同一物种
的雌雄两性之间，除性器官
的差异之外，在诸多特征
方面存在的差异——包括
体型、颜色、身体结构、
斑纹以及第二性征等。

**社会生物学家
（sociobiologists）**意图
通过生物学的和演化的角度
来阐释动物和人类的社会
行为。他们提出，就如生理
性状一般，社会行为也经由
自然选择随着时间而在每个
物种内演化。

以检视性别与生物性征的
预设关系作为开端是有意义的，
因为生物性征占据
我们有关性别的理解与臆断的
很大一部分。

性别研究中的本质主义思想流派提出，
性别差异源自女人和男人在生物学构造
上的天然差异。就如同各异的身体特征，
生物本质主义的视角认为，女人和男人

拥有各不相同的染色体和激素差异，这会影响他们特有的社会角色——男性气质和女性气质的"本质"。

他们认为，女人天性就是关爱他人的，并且在情感上更为协调，与此相对的是，男人与生俱来地更胜任养家者和保护者的角色。

从这一视角出发，伦纳德·萨克斯（Leonard Sax）等理论家提出了如下假设：性别二型性是绝对的。对于他们而言，女人和男人行为上的所有差异都是生物因素导致的，与动物世界中的情况一样。社会生物学家，例如杰里米·沙尔法斯（Jeremy Cherfas，1951— ）沿着这些思路提出了一些猜想。譬如，他们假定男人天生就更倾向于滥交，因为他们拥有数量无限的精子；女人更倾向于一夫一妻制，因为她们的卵子数量有限，传递基因的机会更加稍纵即逝，因此必须谨慎选择配偶。此外，生殖的风险和负担也落到了女人身上，包括九个月的妊娠期，很有可能致命的分娩，以及（存在争议的）养育子女的压力。沙尔法斯在 2008 年写道："男性的精子既廉价又一次性，我们猜想他们会很随便。交欢的成本对他们而言相当低，以致一旦有机会他们就会寻花问柳。"

A　"美国小姐"（Miss America）选美大赛于 1921 启动并延续至今。参赛选手最初仅凭颜值接受评判，后来加设了才艺和访谈环节。图为一组年轻貌美的参赛选手，在决出冠军后身着晚礼服合影。

B　加利福尼亚圣莫尼卡（Santa Monica）的"肌肉海滩"（Muscle Beach）始于 1933年，观者对于公开展示身体力量反应不一。图为 20 世纪50—60 年代，几位"美国先生"（Mr Americas）在海滩举重社区进行训练。

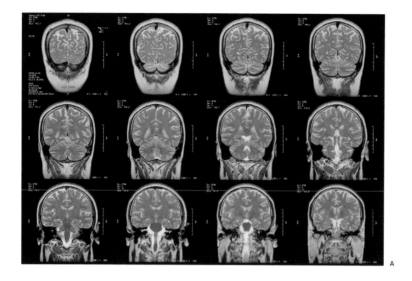

A

这类理论通常假定，生物学不仅对性行为的差异有影响，也影响女人和男人如何从心理上对待浪漫关系。社会生物学家唐纳德·西蒙斯（Donald Symons，1942— ）在 2009 年精确地表明了这点："就像大多数动物中的雌性一样，女性在每个后代的生殖和存活上相对投入更多，男性则只须较少的付出，由此女性会以迥异于男性的方式对待性和生育，如同动物一样。"关于女人和男人如何对待性和关系，西蒙斯进而给出一种堪称行为规范的论述："女人应该更加挑剔和迟疑，因为她们承担错误选择之后果的风险更高。而男人则应更不加区分，更具侵略性，而且因为风险低，他们更应去体验不同类型的伴侣。"请注意，在如上阐释中，生物学不仅解释了是什么，而且告诉我们理应如何。

在本质主义理论中，性别化的身体特征与性别特有的行为之间的关联，通常被认为是基于男人和女人的激素差异和神经差异。然而并非所有科学家都对此表示赞同。

A/B 图中的核磁共振成像（MRI）扫描图，展示了某一健康的男性大脑（上图）和女性大脑（下图）的切片。如图所示，男性大脑中，前脑和中脑显示为红色，小脑为淡蓝色，脑干为绿色，颈部组织为褐色。女性大脑的前脑和中脑显示为黄色和红色，小脑粉色，颈部组织蓝色。男女大脑的差异或许有助于区分特征和行为。然而，这些差异究竟有何具体效应，各家说法莫衷一是。

在《睾酮为王：有关性、科学与社会的神话》(*Testosterone Rex: Myths of Sex, Science and Society*, 2017) 一书中，心理学家、神经科学作家科迪莉亚·法恩 (Cordelia Fine) 挑战了以激素为变量的生物学方法。

法恩提出，对"男女之间的差异根本且根深蒂固"的坚信非常典型地反映在"睾酮为王"的主流叙事中，这类叙事认为睾酮要为诸多关键的社会结构负责："那些关于性和社会令人熟悉、貌似可信、无处不在且强有力的叙事，将有关演化、大脑、激素和行为的相关联的各类主张交织在一起，为我们的社会中顽强存在且貌似坚不可摧的性别不平等提供了一种巧妙的、令人信服的解释。"尽管法恩声称"睾酮为王看似战无不胜"，演化理论事实上已经揭示了"性别自然秩序"的多样性和动态体系。她善辩地引用科学依据来证实这一想法：尽管激素和大脑功能方面的性别差异的确存在，但理解它们实际上可以抵消不同生殖角色的身体特征所导致的行为差异，而非强化这些差异。

虽然生理上的某些差异将男人和女人区别开来，其他生理差异却令他们的行为更为相似。

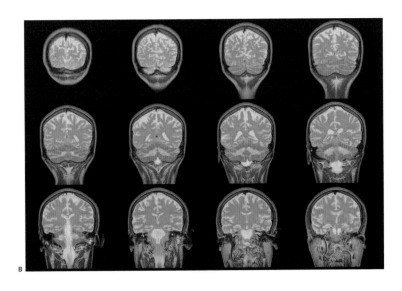

B

演化生物学和演化心理学领域的部分研究是支持性别二型性的本质主义理论的。

我们可以检视人类男女两性行为与动物雌雄两性行为之间的关联，两者都随时间变化而演化。据称，对于动物的研究显示，雄性天然更适合保护者或养家者的角色，雌性更擅长抚育。然而，也有些动物突破了这一范式，帝企鹅就是最为人所知的例子。雌帝企鹅每诞下一枚蛋后，它就会去海洋中觅食两月，雄帝企鹅负责为企鹅蛋保暖，把它抵在双脚和育儿袋之间，直到企鹅妈妈为它们的雏鸟带回食物。雄性美洲鸵（一种体型很大、无法飞翔的鸟类）要经过六周时间，才能将雌性美洲鸵产下的蛋孵化，使幼鸟破壳而出。雄性美洲鸵在鸟类世界有"单亲爸爸"的戏称，它们在宝宝出生后的六个月，要单独承担抚育之责。一些雄性灵长类同样挑战了关于动物性别角色的成见。譬如，雄性猕猴从其幼崽出生就开始照护幼崽，一些鼠类中的雄性也是如此。海洋生物中更是有大量"非传统"雄性生殖的例子。海马的卵由雌性释放到雄性的育子囊里，雄海马最多孵育 45 天，然后将小海马生出来。

上述案例所展现的动物世界里亲缘与生殖习俗的多样性，挑战了演化心理学研究的核心信条——坚决主张与生俱来的性别差异。在人类世

A

A 图为一只雄性鹤鸵在为它的蛋做窝。这一物种的雄性负责孵化和养育幼崽。

B 雄帝企鹅照护它的宝宝。雌帝企鹅产下蛋后，会离巢到海洋中过冬。帝企鹅爸爸孵化并抚育小帝企鹅。

C 在交配过程中，雌海马将卵产到雄海马尾部的育子囊里。雄海马怀带着这些卵，直到它们孵化而出。

B

C

演化生物学（evolutionary biology） 研究自然界中的演化进程，例如自然选择、共同起源，以及生命形式随时间变化而适应环境，发展出多样性的方式。

演化心理学（evolutionary psychology） 认为，人类的某些或全部行为都基于心理学上的适应性变化，就像生理特征一样，这些变化作为对环境中压力的回应，随着人类的演化而发展。

亲缘与生殖习俗（kin and reproductive practices） 分别对应有机体与其亲属互动的方式，以及有机体繁殖的方式。这两套习俗在不同物种之间可以截然不同。

界中，男人部分或全程参与子女的抚养，女人负责养家糊口，都越来越常见了。

其他有关亲密关系和两性关系的现代生活方式，就无法从性别二型性理论中得到解释了。像是"自愿无子女"（voluntarily childless）或"不生育族"（childfree）这类术语被发明出来，用以描述21世纪越来越多的选择不生育的女性和男性。来自美国人口普查局"当期人口调查"（Current Population Survey，2014）的最新数据显示，15—44岁的女性近半数没有子女，这个数字显著高于自政府开展生育人口统计跟踪以来的任何一个时期。

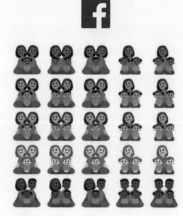

将性与生殖分离开来的思路挑战了将性别解析为天生的，且是一种普遍性实践的观点。

受当前研究发现的启发，那些认为诸如滥交和一夫一妻等性行为本质上就有性别差异的社会生物学理论，也变得可疑了。

例如，不久前由保健美容公司 Superdrug 开展的一项性健康调查，就性生活方式询问了欧洲境内的 2000 名男女。女性报出的性伴侣数字（14）与男性报出的（15）势均力敌，女性发生风流韵事的可能性也和男人一样。由此，性别研究打破了天性随便的男人和忠于配偶的女人这种二元神话。

A　2016 年，苹果公司在 iOS 10 中更新了具有更多性别选择和性别多样化的表情。同年，脸书公司的社交聊天工具 Messenger 中也更新了更加体现性别多样化的表情。

B　1999 年，女性组织"里尔斯通与地区女子机构"（Rylstone and District Women's Institute）的几名成员，为一款慈善挂历充当裸模。电影《日历女郎》（Calendar Girls，2003）讲述了她们的故事，令她们蜚声国际。图为影片中，几位创始成员和新成员一起拍摄日历图片，并更名为"贝克和伙伴们"（Baker's Half Dozen）。

历史学家凯文·赖利（Kevin Reilly）在《人类之旅》（*The Human Journey*，2012）一书中指出，考古学证据显示，在古代社会，譬如旧石器时代的狩猎—采集者们，通常是根据性别来分工的："大多数情况下，男人常常以小群体的形式狩猎，女人和孩子在离家更近的区域搜集植物和小动物。"

基于演化心理学的一种常见思路，是将现代世界的性别角色设想为依循同样的"天然规定"模式——男人狩猎，女人搜寻食物并照看子女。

据称，每种性别都与其被分配的角色最为匹配，因为他们已经演化出履行该角色的最佳特质：男人的上肢力量（一般比女性强壮），以及高水平的睾酮（更具进攻和冒险的倾向），可以说会令他们更适于狩猎。

B

Baker's half dozen . . .

A

人类学家史蒂文·库恩（Steven L. Kuhn）和玛丽·斯蒂纳（Mary C. Stiner）在"母亲该做什么？"（"What's a Mother to Do?", 2006）一文中假设，这种旧石器时代的劳动分工令智人（Homo sapiens）比尼安德特人（Homo neanderthalensis）更具优势，因为他们可以拓宽日常食谱，还可以通过协作来提高效率。然而，他们强调："按性别来划分维持生计的劳作是一种普遍趋势，这不单是不同性别与生俱来的生理或心理差异的结果，而且更多是靠后天习得的。"

同样值得我们留意的是，有关现存的狩猎—采集型社会的人类学研究表明，这些社群中的女人是与男人并肩狩猎的。

菲律宾群岛的埃塔族（Aeta）就处于这样的社会中。与此相似，纳米比亚的狩猎—采集部落朱·霍安西人（Ju/'hoansi）和澳大利亚的马尔杜族（Martu）中的女性成员，都精通狩猎。

B

在《男性猎人》(*Man the Hunter*, 1968) 一书中，人类学家理查德·博尔谢·李 (Richard Borshay Lee) 和欧文·德沃尔 (Irven DeVore) 提出，平等主义是游牧式的狩猎—采集社会的核心特征。因为这种生活方式要求群体成员能够快速移动，有形资产必须在整个群体内分配，个体不可能积聚剩余物。人类学家马克·戴博 (Mark Dyble) 2015 年的一项深入研究推断，在早期人类社会，性别平等从演化上来看是有利的，因为它促进了广泛的社会网络的形成。戴博认为，性别不平等最初是紧随农业发展而来的，因为社群在某些地点定居，资源就可以被积聚起来。在人类历史的这个节点上，男人开始拥有积聚资源（包括妻妾和子嗣）的优势，并与其男性宗亲结成联盟。

A　中非共和国的阿卡族（Aka）女性前往森林开始一天的渔猎。阿卡族的父亲们在照看子女方面与母亲们平分秋色，他们会花 47% 的时间陪伴孩子。

B　埃塔人是生活在菲律宾群岛吕宋岛山区里的原住民。根据一项研究，其女性狩猎者的成功率比男性更高。

有些人主张，为男人和女人区分社会角色，是不断更替的社会因素而非生物演化作用的结果，戴博的阐释就是其中之一，我们将在第 2 章对这一理论做更为深入的探讨。

无论女人和男人的生物学构成是否影响到性别化的行为和社会角色，在人类历史中很长一段时间里，我们对它的理解都不充分。

性史学家托马斯·拉科尔（Thomas Laqueur，1945— ）认为，有关人类性别与性活动的现代理解，可以追溯至 18 世纪的欧洲，即所谓的"启蒙"

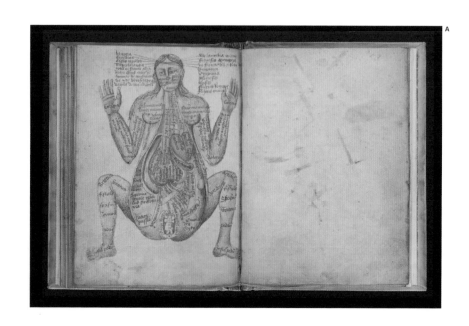

A

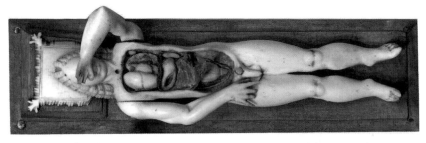
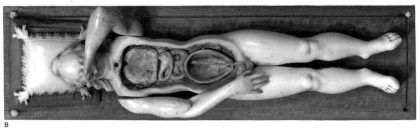

时期。其间，科学战胜宗教，成为阐释性别差异的基准体系。

拉科尔将这次转变界定为，在 18 世纪晚期的西欧，标志着从"单性"（one-sex）模式向"双性"（two-sex）模式的变迁。拉科尔指出，此前流行的看法是，女人和男人代表"单一性别"，这一传统至少可以上溯至古希腊。男人和女人被描述为拥有同一类型人体的不同变体，男性的生殖器在人体之外，女性的生殖器在人体之内，就像是同一解剖结构的镜像。

启蒙（Enlightenment）是指从 17 世纪末到 19 世纪初的一段历史时期，其间欧洲的科学、哲学和政治经历了激烈变革，科学、理性和个人主义压倒了宗教和传统。

A　图为"怀孕的女人"，来自 15 世纪据称由冒牌盖伦（Pseudo-Galen）所作的英语医学论著《论解剖》（*Anatomia*）。

B　图为象牙制的男性和女性解剖雕像（1701—1730）。个中器官细节有失精准，所以不太可能曾被用于医学教学。

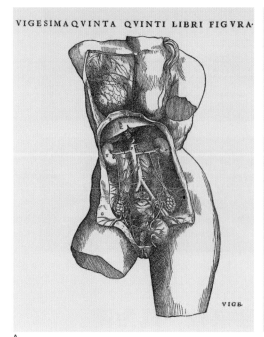

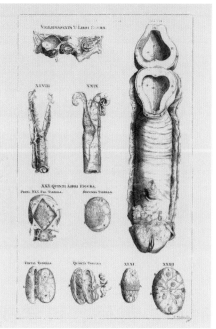

A

A 安德烈·维萨里（Andreas Vesalius）是现代解剖学的开拓者。图中插图来自其最知名的著作《人体构造》（*De Humani Corporis Fabrica*, 1543），描绘了女性的解剖结构（如左图）和形似倒转阴茎的阴道（如右图）。

B 图为男性骨骼（如左，旁边有一具马骨骼）和女性骨骼（如右，旁边有鸵鸟骨骼）。来自爱德华·米切尔（Edward Mitchel）所绘的系列版画，收入约翰·巴克利（John Barclay）所著的《人体骨骼解剖学》（*The Anatomy of the Bones of the Human Body*, 1829）。

性别二元（gender binary）

体系将性别划分成两种类别：男性和女性。两者被认为是互不关联且截然不同的。该体系有时会将性别的生物学面向和社会面向混为一谈。

女性身体因而象征着男性身体的低级或残缺版本，这一信念受到一些男性研究的支持，比如居于罗马帝国的希腊医师盖伦（Galen），还有16世纪的佛兰芒解剖学家安德烈·维萨里（Andreas Vesalius）——他是主张利用解剖来探索人体真实状况的医学运动先驱。

从维萨里时代起，直到18世纪启蒙时期，社会观点就如何看待人类的性别，发生过显著的变化。借助诸如解剖等经验，科学突飞猛进，揭示了远远超出生殖系统的两性生理差异。科学史家隆达·席宾格（Londa Schiebinger, 1952— ）在《壁橱中的骷髅》（"Skeletons in the Closet", 1986）一文中写道："自18世纪50年代起，法国和德国的医生们呼求有关性别差异的更为精准的描述。在每一寸骨骼、肌肉、神经和血管中发现、描述并定义性别差异，成为解剖科学的研究重点。"性别二元模式不再将女性身体当作男性身体残缺的、倒置的版本，而是强调两性在更深层次上存在差异。

拉科尔将其视为双性模式的兴起。他和席宾格都引述了当时西欧的医学教科书中有关人体骨骼的日新月异的描绘。早先的医学图解中只有一种描述——一具男性骨骼，正好符合单性模式内涵。

强调差异的思想越来越占上风，有关单具人类骨骼的描绘，被两幅甚为不同的骨骼图解所取代——一幅女人的，一幅男人的。

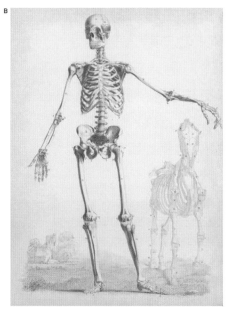
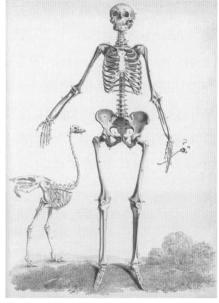

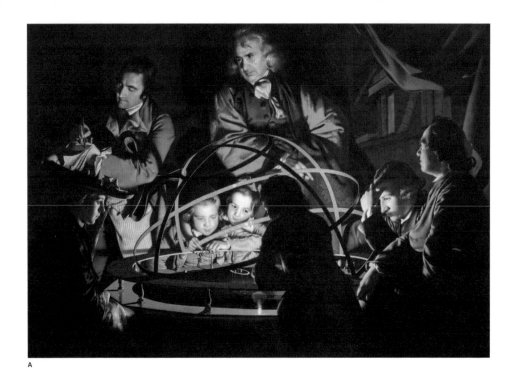

A

随着两性差异成为探索的焦点，科学家们试图鉴别女人之为女人和男人之为男人的"根源"。启蒙时期的科学、哲学和政治学话语，通常关注个体的自由和全人类的平等。围绕女人是否应该被囊括到对于平等的诉求中，一时争议四起。孟德斯鸠（Montesquieu）1721 年在《波斯人信札》（*Lettres Persanes*）中写道："对男人来说，剥夺女人的自由是否比赋予她们自由更有利，这是个十分值得思考的问题。对我来说，支持和反对，似乎都有很多理由。"他提出的问题是：自然法是否令女人屈从于男人？

当时的科学其实相当在意男女差异，在政治哲学和道德哲学以关涉个体权利的方式获得极大发展的情况下，这对于那些乐于证明女性的社会从属地位的人来说或许是有利的。当然，女性头骨一般而言小于男性也是事实，这暗示女性大脑小于男性，并在 19 世纪成为女人理性思考的能力弱于男人的依据。

A 尽管没有标题，德比的约瑟夫·赖特（Joseph Wright of Derby）的这幅油画《一位哲学家正在讲授太阳系仪，其中一盏灯代替了太阳》（A Philosopher Giving that Lecture on the Orrery, in which a Lamp Is Put in Place of the Sun）为人熟知，简称《太阳系仪》（The Orrery, 1766）。这幅画作像是一幅人物风俗画，但是它的科学主题是与传统割裂开来的。启蒙时期，科学和理性经常与男性气质挂钩。

B 玛格丽特·杰拉德（Marguerite Gérard）的《蹒跚学步》（First Steps），或称《养育中的母亲》（The Nourishing Mother, 1803—1804），描绘了她身为艺术家最广为人知的母亲的慈爱与母性这类主题。纵观历史，女人通常与抚育行为相关联。

B

拉科尔指出，随着双性模式的发展，科学思想中开始认为男人和女人的社会角色是有区别的，此前在社会和宗教的准则体系中已经存在这种见解。

科学发展了自身的
性别二元思想，
生物学被用以证明
男人与理性和文化相关，
女人则与情感和自然相关。

A

B

在 18 世纪的语境下，女人的身体将其本性定义为母性和抚育性。有关性别的见解层出不穷，带来了深远的社会影响，那些曾经作为宗教、文化或哲学信念而存在的思想，获得了科学的支持。具有影响力的哲学家如让 - 雅克·卢梭（Jean-Jacques Rousseau，1712—1778）提出，男人更适合公共角色，女人则与私人领域相关，并天然地承担起相对从属性的角色。启蒙时期，公共角色取得了较高的社会地位。因此，对于性别化身体的不断变化的理解，令男人在社会中赢得了更高层级的权力。

即便如此，我们应该注意到，彼时仍有女性抗议自己被排除在公共生活之外。例如，许多上流社会和中产阶级的女性参与知识分子沙龙，与男人一道探讨文学、政治和哲学。女性作家，尤其是小说家，在启蒙时期开始涌现。1792 年，玛丽·沃斯通克拉夫特（Mary Wollstonecraft，1759—1797）写下《女权辩护：关于政治和道德问题的批评》（*A Vindication of the Rights of Woman: With Strictures on Political and Moral Subjects*），谴责那些反对女人接受教育的男性理论家。然而，有关性别差异的主流见解仍将许多女人，尤其是工人阶层妇女束缚于家庭领域之中。

这种权力的不对等，
一直很难被打破。

双性模式强调男女之间的生物学差异，即便是在当今关于性别的许多见解中，这一点仍显而易见。这些差异被自然现象所强化，并与之相联系。不过，传统生物学视角的另一重要缺陷在于，它无法解释那些生物性征似乎介于男女两性之间或之外的人。

生物学家安妮·福斯托－斯特林的研究，明显背离了既有的对性别与生物学进行理论化的途径。她提出，这种认为仅有两类生物性征的性别二元式理解是有严重问题的。她在《为身体鉴明性别》（*Sexing the Body*，2000）一书中表明，对于生物学的这一错误解读，已经在现代社会被诠释为真理：事实上，"百分之百的男性和百分之百的女性，代表的是身体在可能的类型光谱上的两极"。在男性和女性这两极之间，存在诸多变化。生物性征可以被理解为一个型谱，大多数人朝着"男性"或"女性"聚集成群，但其间仍有小部分——并非无足轻重——存在其他可能性。性别的染色体变化繁多，此间差异远不止 XX 和 XY 这么简单。比方说，有很多种性别交叉（intersex）的情况，所以即便是性别变体内部，也存在多样性。

A　图为托马斯·斯图尔特（Thomas Stewart）的作品《双面骑士》（*Chevalier d'Eon*，1792），原型是让·洛朗·莫尼耶（Jean Laurent Mosnier）。这位骑士在1762—1777年间作为男人而生活，1786—1810年间则成为女人。如图所示，画中人身着的是黑色剑术服。

B　图为约翰·奥佩（John Opie）的作品《玛丽·沃斯通克拉夫特》（*Mary Wollstonecraft*，1797），画中人物衣着平常，发型也很朴素。这反映出沃斯通克拉夫特的着装观念，亦即应该"令人增色，而非一争高下"。

C　图为《哈里斯的考文特花园女郎名单》（*Harris's List of Covent Garden Ladies*，1773）的一个版本。这份名单为"客户"而作，是乔治王朝治下伦敦卖色女郎的年度名录。

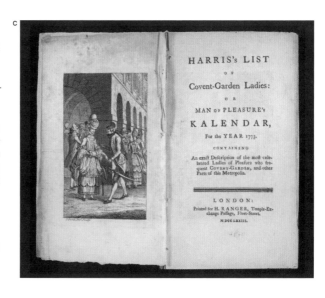

A

福斯托 – 斯特林诙谐地
提出一种"五性"模式，
以取代双性模式，具体包括
男性、女性、男性假二性同体
（merm）、女性假二性同体
（ferm）和雌雄同体（herm，
即 hermaphrodite 的缩写）。

有关**性别交叉**的研究显示，
性别发育较之双性模式所
能容纳的要丰富得多。生
来就兼具两性特征的婴儿
数量很难确定，因为医疗
建议都是遵照传统，在一
出生时就进行手术矫正，
如此一来，孩子就会按照
男孩或是女孩来发育。性

性别交叉（intersex）
描述的是个体的生殖或
性别构造不符合有关男性
或女性的典型定义的各类
状况。DSD（性别发育障碍
／差异／多样性, disorders/
differences/diversities of
sexual development）这一
术语，当前被医疗机构用以
描述上述状况，尽管有些被
诊断为 DSD 的人更愿意自称
为性别交叉者。

跨性别者（transgender）
是一个总括性的术语，描述
那些与生俱来的性别认同或
性别表达不同于其出生时被
指定的生理性别的人。有
些跨性别者决定变换成另一
种生物性征，这些人有时
也被认为是有变性欲望的
（transsexual）。也有些人没
有生理上变性的意愿。

顺性别者（cisgender）体
验到，他们的性别认同、性
别表达和生物性征之间是彼
此一致的。这个词也暗指一
个人所呈现出的生理性别与
社会习俗施加的性别角色相
符。有时也简称"cis"。

别交叉平等运动（the Intersex Campaign for Equality）强调，"当前最全面的研究"估计，性别交叉者所占人口比重是 1.7%—2%。这跟天生红发者所占的百分比（1%—2%）大体相当。

围绕性别交叉的情况，一直存在严重的污名化，有些孩子未曾被告知他们已经做过矫正手术。得益于互联网，性别交叉社群近年来开始成形，反对对婴儿进行手术干预的激进主义声音也日益壮大，尤其是在北美地区。激进主义者认为，这类手术是不合伦理的：它们没有经过孩子的同意，而且很可能为日后的生活带来严重的医疗难题和心理困扰。

尽管存在多种性别交叉和跨性别者（参见第 2 章和第 3 章），性别认同有可能——事实上可能性很大——是与生物性征相一致的。许多人体验着这种一致性，也就是我们通常所说的顺性别者。假定存在的这种一致性的二元论生物学方法，仍然被很多科学研究和社会生物学采用。

A 2009 年，南非运动员卡斯特尔·赛门亚（Caster Semenya，1991— ）在柏林田径世锦赛上获得女子 800 米冠军后，由于她的睾酮水平远高于大部分女性，陷入了关于其性别和参赛资格的争议。2019 年 5 月 8 日起，DSD 运动员必须服用药物降低睾酮水平，才能继续参加女子田径项目比赛。

B 2017 年，继成为最早通过同性婚姻法案的国家之一后，加拿大成了第一个在新生儿健康卡上不标明婴儿性别的国家。

B

A   B

二元论生物学方法的倡导者，利用以大脑构造和激素水平差异为核心的生物学论据，来解释性别行为、体验或社会角色方面的差异。这种理论认为，那些差异是与生俱来的，在大脑扫描成像中是可见的，借助诸如约翰·格雷（John Gray）的《男人来自火星，女人来自金星》（Men Are from Mars, Women Are from Venus，2002）等畅销书，该理论赢得了众多的支持者。举例而言，格雷提出，男人在空间技能方面拥有天然的优势，这意味着他们泊车或读解地图的能力更强，而女人则在有关情感或是语言智能方面的技能更为突出。

根据格雷和其他人的许多论调，这些能力上的差异天然内置于大脑中，也反映在男人和女人天然选择承担的性别角色中。

尽管如此，有些科学家越来越质疑这种注重分化的性别模式。他们转而点明了女人和男人的诸多相似性。特别值得一提的是，有些人拒绝接受所谓"神经性性别歧视"（neurosexism）

C

D

的概念，还批驳了男女在神经学上存在差异的思想。

科迪莉亚·法恩在《性别的误识》(*Delusions of Gender*, 2010) 一书中指出，男人和女人的大脑都是"灵活的，易适应的，可改变的"。医学专家莉丝·艾略特（Lise Eliot）也争辩道男人和女人不是被有差别地"制造"出来的，在 2010 年，"我们利用大脑所做的事，几乎没有什么是天生如此，不能改变的。每一项技能、品质和人格特征，都是由经历塑造的"。在这个模型中，人类的生理既是行为的原因，又受到行为的影响。我们的经历会"接入"我们的大脑，大脑在我们体验事物的方式中给出反馈。

A 法国作家、女演员柯莱特（Colette）既与男人也和女人发生关系，其中包括女扮男装的贝尔贝夫侯爵（the Marquise de Belbeuf）。她的写作广泛涉及女性的性活动与性别角色。

B 英国小说家兼诗人拉德克利夫·霍尔（Radclyffe Hall）时常穿着男子气的服饰，她的朋友们都称呼她"约翰"。

C 英国模特、演员及作家昆汀·克里斯普（Quentin Crisp）以其女子气的外表和行为而知名，在 20 世纪 30—40 年代的伦敦，他是极少数"出柜"的男同性恋之一。

D 图为美国波普艺术家安迪·沃霍尔（Andy Warhol）的自画像。其作品时常涉及性别、性活动和欲望等议题。

A

抚育（nurturance）即向另一个人提供情感和生理上的照护，满足他们对于这般照护的需求。作为一种在人类和许多动物中都存在的社会行为，抚育通常被建构为"阴柔气质的"，但事实上它可以由所有性别的人来实施。

民俗学方法论（ethnomethodology）研究人们赋予世界以意义，创建自己社会生活环境的各类途径。它将人视作理性的表演者，以实用理性令自身得以在社会中发挥作用。

法恩提到了 2012 年萨利·范安德斯（Sari van Anders）有关儿童照护的研究。女人的基础睾酮含量一般而言低于男性，由于低睾酮含量与抚育相关联，我们或许可以推断，这令女人在生物学意义上比男人更适合儿童照护。在范安德斯的研究中，三组男性被要求照看一个预定程序的模型婴儿。其中一组被告知要坐下听婴儿哭喊（扮演把儿童留给他人去照看的"传统男性"角色）；另一组被要求与婴儿互动，但是婴儿被设定成无论他们做什么都始终哭喊（模拟毫无照看婴儿经验的人）；最后一组同样被告知要与婴儿互动，但婴儿被设定为在得到恰当的安抚后会平静下来（复制更有儿童照看经验的角色）。他们的睾酮水平全程处于监测中。前两组的睾酮含量随着情势发展而上升，但是最后一组——模仿抚育的一组——睾酮含量在婴儿得到抚慰时有所下降。因此，既然低睾酮含量可能与抚育相关，成功的抚育或许可以导致更低的睾酮含量。

这样的因果循环令我们很难厘清性别化行为的生物学起因，与社会学的或经验性的起因。

自 20 世纪 70 年代以来，关于男人和女人各自拥有一些被认为既男性化又女性化的特质的见解，处于社会学以及某些心理学的性别认同研究的核心。

民俗学方法论的田野调查检视了在社会互动和日常活动中性别处于怎样的位置。性别并非一种普适的体验，而是被认为植根于"我们的所作所为"。在题为"做性别"（"Doing Gender", 1987）的文章中，坎达丝·韦斯特（Candace West）和唐·齐默曼（Don H. Zimmerman）检视了性别如何通过社会互动而得以呈现。他们提出，性别是"全相关的"（omni-relevant）。依照社会对于合宜的性别化行为的期待而正确地"做"性别，这一需求在所有活动中都举足轻重，然而很多时候我们都以为那是理所当然。没能正确展现性别的人，就要背上不够男性化或女性化的社会污名。

A 20 世纪 70 年代的防晒产品广告，将女性身体当作物件来对待，并暗示外表对于女人来说是最值得关注的。广告商时常利用性别化的成见来销售商品。正确展现性别所带来的压力，可以强有力地刺激消费者。

B 《最大马力》（Max Power）汽车杂志中的这幅广告，让男人处于所有者的位置，女人则成了所有物，女人和汽车都被设计成"附属品"。

Accessories to be seen with

Max Cars. Max Babes. Max Power Magazine.
On sale 15th of every month.

A

在《性别麻烦》(*Gender Trouble*，1990)中，性别研究学者及哲学家朱迪斯·巴特勒（Judith Butler，1956— ）进一步将生物性征与性别区分开来："当性别被建构成理论上完全独立于生理性别的，性别本身变成了飘忽不定的人造概念，结果就是'男人'（man）和'男性化'（masculine）可能轻而易举地就将一具女性的躯体指称为男性的，而'女人'（woman）和'女性化'（feminine）会轻易地将男性躯体指称为女性的。"

这让我们可以更宽泛地理解践行性别的各种方式，例如，阳刚的女人或阴柔的男人就可以从中得到解释。杰克·哈伯斯塔姆（Jack Halberstam）1999 年有关女性的阳刚气质的研究显示，拥有一般意义上的女性躯体并不必然导致阴柔气质的表达，或是对"女人"身份的认同。米米·席佩斯（Mimi Schippers）2007 年有关男性阴柔气质的研究指出，反之亦然，自出生以来就认同男性身份，并不必然带来典型的男性化的行为或是表现。

B

上述研究明显挑战了
将性别简化为
生物学差异的做法。

A 1989 年的《我的同志》（*My Comrade*）
   杂志刊登了有关"Chris"的图片。由变
   装女王琳达·辛普森（Linda Simpson）
   拍摄，作为其历史摄影文章《变装每一
   夜》（*Every Night in Drag*）的组成部
   分，该文纪实地描述了 20 世纪 80 年代
   末至 90 年代中期纽约市的变装场景。
B 《Tabboo! 在乔的酒吧》（*Tabboo! at
   Joe's Pub*，1995）出自同系列，包括
   5000 多张的图片。变装挑战了一种假
   设，即男性的身体不可能是女性化的，
   抑或女性的身体不可能是男性化的。

生物学显然无法反映性别的
全部；我们性别化的身体对
我们的行为有多大的影响还
是个未知数，而且，并非所
有身体都可以从生物学角度
被划分为男性的或是女性
的——要么两者都是，要么
都不是。

2. 作为社会建构的性别
Gender as a Social Construct

A

生物学对于性别化的
体验和行为的影响究竟有多深,
研究者们见解不一。

一种关于性别的社会建构主义观点提出,性别角色——被指定为某一性别之"正常的"或"理想的"行为范式——并不完全由人类生物学和演化决定,而是某种程度上由我们所生活的社会和文化来创造和延续。超出这类指定行为的性别认同和性别表达,就会被认为是"异常的"。

该如何评价这种见解呢?我们可以检视性别角色在历史上是怎样被不同的社会和文化理解的,在当今世界又是如何被看待的。

A 今天,性别化的社会压力时常是通过广告来施加的。如图所示,"蛋白质世界"(Protein World)公司的减肥产品广告,通过暗示只有纤瘦的女性才有资格穿上比基尼来强化女性在体形方面的焦虑。

B 近来,越来越多的广告商开始调侃或颠覆传统性别角色。图中这些"保姆"品牌的印刷广告,是名为"星期一"的泰国广告公司 2012 年的作品,描述的是男性保姆用母乳储存袋来哺育宝宝的场景。

历史学家如琼·瓦拉赫·斯科特（Joan Wallach Scott，1941— ）、希拉·罗博特姆（Sheila Rowbotham，1943— ）和希拉里·温赖特（Hilary Wainwright，1949— ）批驳了上述生物学视角，声称以历史的透镜观察性别，会有更为复杂的发现，有关性别的认知和期待是随着时间而不断改变的。

最早期的人类社会是由游牧型的狩猎—采集者组成的一个个群体，但在某些地区，大约从一万年前开始，人们定居下来，种植食物自给自足，农业社会范式随之兴起。由于高效的农田能养活比运营农场所需人数更多的人口，这些社会发展出食物盈余，令某些人可以从事与果腹无直接关联的活动，例如军事征伐、发展高级技术，乃至从事贸易活动。

社会建构主义（social constructionism）
这一观点坚持认为，人类通过互动以及共享的预设前提积极地建构着其所在的社会世界。这一社会学理论提出，人类对于社会现实的理解，是被共同创建出来的，而非植根于某一天然的外在"真理"。

农业社会（agrarian）
指，该社会的经济首要重心是在大面积的土地上开展农业，培育农作物和进行畜养。在人类发展经过狩猎—采集阶段之后，大多数社会都是农业社会，直到 18 和 19 世纪工业化的出现。

B

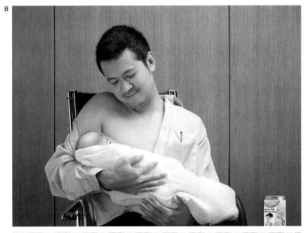

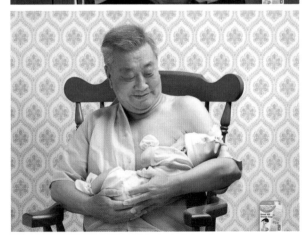

在这样的社会中，土地的所有权或控制权就是财富和地位的重要来源。后来，这种态度被扩展至普遍的所有权和控制权。财产，而非劳力，是社会地位的根源之一，其在大多数情况下是由家庭群体中地位最高的男性来拥有或管控。

早期农业社会以一个家庭或共有单位为基础，其中每个成员在食物生产中都占有独特的一席之地。此类社会中常见的劳动分工是男人在田间作业，女人承担起家务管理，筹备食物，织羊毛或做衣服，以及照看儿童和家属的职责。这样的分工可能建立在某些因素的基础上，例如男性的上肢力量平均而言更强壮，或是女性的生育角色意味着如果不控制生育，有生育力的妇女可能时常会怀孕或处于哺育期，因此某种程度上无法在田间劳作。个体很难甚至不可能脱离家庭或共有单位而存活。由此而言，财产归属于家庭单位而非个体是有其道理的，因为男人几乎总是领导着家庭单位，他最经常积聚、管理和保护这些所有物。

随着农业社会逐渐进步——发展成古埃及、古希腊和古罗马等各大文明——早期农业文化中的性

A

A 这幅古埃及后期浮雕残片描绘的是妇女在制作百合精油。花朵被压在一块亚麻布中，再被扭捻。

B 图为古埃及新王国时期的壁画残片，描绘了男人在播种和收获。女人也在其中，处于中间一排的左侧边缘。这份残片出自底比斯西部的安苏（Onsu）墓。

B

别角色，在宗教和文化准则中被保护下来，即便创造这些文明的条件已然改变后，也依旧如此。

上文提及的三大文明中，女性影响力被普遍认为仅限于家庭内部，男性影响力则扩展到公共生活层面。一家之主就是地位最高的男性。

在某些农业社会，例如古希腊，男性拥有或管控家庭单位资产的倾向发展至极端——女性根本不被允许拥有财产，或购买任何比一蒲式耳大麦更为昂贵的东西。尽管古希腊是众所周知的民主发源地，可希腊女性并不享有投票权，很多妇女被要求任何时候都要受男性监护人（kyrios/male guardian）的管控和保护。

此类情形将女性置于从属的地位，迫使她们为了食物、保护和生计而依靠男性资产所有者。这曾经被视为理所当然，正如亚里士多德宣称的："两性之间，男性天生就是高级的，女性是低级的；男性天生就是统治者，女性是臣服者。"

农业社会的财产一般世代继承，因此个人的地位取决于其宗亲。约束女性的性行为源头在此：孩子的母亲可以被清晰无误地确认，而父亲却不行。女性的贞洁（婚前）和忠诚（婚内）相当重要——以确保孩子双亲的身份都可以被确认，进而巩固其社会地位和继承权。

不同社会尽管在分派女人驻守家庭、男人致力于公共领域方面基本相似，但也存在一些有趣的差异。比如在古埃及，从律法的角度而言，女人和男人拥有平等的权利和责任。女人可以拥有和继承财产，提出离婚，订立契约，立遗嘱，乃至借款。

亚里士多德（Aristotle）
是生活在古希腊的哲学家和科学家。他在智识上的贡献涵盖了科学、哲学和艺术等广阔的领域，并从根本上塑造了西方世界的诸多思想领域。

A 图为公元前 500 至前 480 年希腊雅典的红色人物花瓶彩绘，展现了女性生活的私密细节。从左至右依次为：在盥洗盆旁；在女性住所；名妓（hetaera）在跳舞；名妓在如厕。名妓通常是独立的交际花（不同于被当作娼妓的奴隶 pornai）。

在许多发达的农业社会，包括古希腊和古罗马，女人不参与劳作是地位的象征。

这意味着她的丈夫或父亲有实力扶养她，提高了他们乃至家庭的地位。然而事实上，即便是地位最高的女性，也被要求掌管家中的仆人或奴隶，这些人为维持家计和照看孩童承担了必要的体力劳动。

出身不够好或是没有男性监护人来扶养的女性，就得通过劳作来维持生计，如同奴隶。卖色也是一条出路。其他途径包括：和家人一起耕作小块农田；纺织、编织或制衣；照看其他女人的孩子；当接生婆；做家务或搞清洁；或者担当女祭司——大多是在崇拜女性人格神的教派中。不同社会中的支配性行业不尽相同，但并非所有女人都有男性家庭成员来扶养。因此，一些妇女不得不外出务工，有可能是为了实现自给自足，并贴补家用，也有可能是因为她们已经成为奴隶。

农业社会及其对待性别的态度，一直延续至工业革命出现，其在欧洲始于 18 世纪末，并贯穿整个 19 世纪。此前，欧洲大多数人口都生活在小型的乡村社群中。妇女通常会参与维持生计所必需的作坊手工业，例如纺织。农收时节，女人、男人和孩童一起为收庄稼而辛勤忙碌。城镇地区，妇女与男人并肩从事贸易和手工业，制作织物乃至皮革和金属制品。

A

明治时期（Meiji period），
日本在这一时期开始从闭塞的
封建社会向更加开眼看世界的
现代化前期转变。这一切是
由天皇来领导的，天皇在德川
幕府及其统治垮台后，被"恢复"
了权力，成为新的事实上的
政治领袖。

A 这幅罗马式镶嵌壁画出自公元 4 世纪
   西西里卡萨尔的罗马别墅（Villa Romana
   del Casale），描绘的是身穿比基尼的
   女孩们在运动。穿古罗马式托加袍（toga）
   的那名女孩在向获胜者授予桂冠和棕榈叶。

B 《门多萨手抄本》（The Codex Mendoza，
   1542）描绘了 7—10 岁的阿兹特克男孩和
   女孩所接受的各种训练。例如，最上一排的
   男孩正在学习钓鱼，女孩在学旋转纺锤。
   相关惩罚也被详尽说明（见第三排），男孩
   被刺穿且缚住双手，女孩被刺手腕。

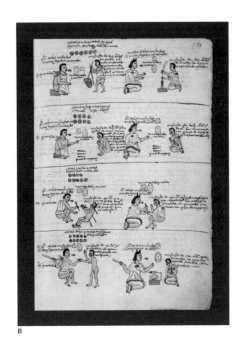

B

在 17 和 18 世纪，两性模式的发展并
非代表了科学进步或先进的医学理念，
而是更关乎经济和政治转变，特别是
关乎女性与男性一起工作或与之竞争
的能力。

到了现代，整个世界对于性别差异的看法的持
续演变，确实与每个地区由自身的产业革命所
引发的、不断变化的经济需求息息相关。举例
而言，日本的工业革命晚于西方，大约始于**明
治时期**的 19 世纪 70 年代，为日本女性带来
了类似西方女性所经历的角色转变。

西方工业革命的第一阶段，妇女和孩童在方兴未艾的产业中与男人一起工作（然而反对童工的斗争致使孩童和妇女的工时不断减少，最终再次消失）。

尽管工人阶层的妇女一直以来都不得不外出觅工，然而工业革命期间，工作的本质发生了变化。

纺织、制陶、量产食物和服装制造等各产业中的新技术，取代了曾经占主导地位的男性技工。妇女和孩童——愿意拿更低的薪水，而且可能一开始就更乐于接受新技术——开始取代男人，或是填补他们的空缺。代表男性成员利益的工会反对妇女承担起传统上养家糊口的男性化角色。

A

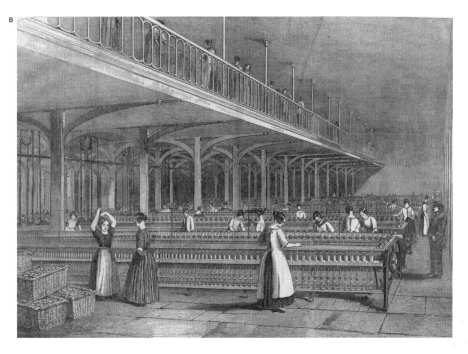

A 这幅插图出自《爱尔兰的亚麻工场》（*The Linen Manufactory of Ireland*，1791），展现的是 18 世纪时制造亚麻布的方法，彼时许多妇女都在家庭作坊里从事纺纱之类的工作。

B 图为 1851 年曼彻斯特的迪安制造厂（Dean Mills），女工正在棉纱并线间劳作。在工业革命的最初阶段，妇女通常受雇于纺织厂。

作为劳动大军中临时的、次要的成员，妇女从来都不是威胁，但如今——至少在某些产业中——她们正在跟男人抢饭碗。包括主流的基督教在内的一些宗教的领袖们，也在担忧女性化的性别角色显现出波动的状态，这违背了许多宗教典籍中的教诲。

如果由来已久的
有关理想女性气质的社会建构
（女人待在家里相夫教子）
可以被维系下去，
这些忧虑就会得到缓解。

宗教领袖和工会在社会上具有重要影响力。职业妇女(即工人阶层的妇女)在主流的性别话语中被展现成失败的女人。男人负责养家糊口,女人负责照顾家庭,这一中产阶级的理想本可能会被工业革命彻底取代,然而却坚挺地度过了 19 世纪和 20 世纪初期。

马克思主义女性主义作家如克莉丝汀·德尔菲(Christine Delphy,1941—)提出,这一范式是与资本主义相匹配的:女人提供无偿的家务劳动,充当廉价商业劳动的"后备军"(reserve army),并生产和社会化下一代工人。这得到了当时科学的"双性"模式的支持,因其反映了"典范"的自然秩序而被正当化。尽管对于那些需要女人的工资来贴补家计的人而言,它经不起推敲,但是这种"典范"一直以来都极难消解。

这种理想的显著例外，就存在于新西兰和美国西部这些"边陲"文化中。在当地，开拓殖民地的妇女在父亲、丈夫或兄弟离开或伤残的情况下，必须承担起传统上被界定为男性化的角色——例如射击、驾驭马队，以及保护和供养家庭成员。相应地，新西兰和美国西部的某些州就成了最先给予女性投票权的地方（虽然美国整体上直到 1920 年才给予全境女性投票权），在某些情况下，女性也有权继承财产。

与此同时，在英国，理想女性气质的观念与女工数量日益增长之间的冲突，成了维多利亚时期中产阶级的关注点之一。家庭服务业和护理工作被视为解决问题的办法，并作为良好的婚前培训被加以推广。

A 图中照片（摄于 1915—1923 年）展示了日本丝织厂里妇女们剥蚕茧抽丝的工作场景。女性纺织工对于日本的工业革命有突出贡献。《工厂女孩读本》（Factory Girls' Reader，1911）的第一课这样写道："大家好，如果你们都能从早到晚尽己所能来工作，就称得上对国家无上忠诚。"

B 20 世纪 30 年代美国的食品加工生产主要依赖女性劳动力。如图所示，一家罐头厂的女性劳动大军正在为加工和装罐之前的成熟番茄剥皮去核。

为工人阶级的女性提供教育，就是通过培养其承担家庭职责令她们接受教化，这是灌输中产阶级家庭准则的手段之一，正如 1904 年的政府报告所阐明的：

"在 13 岁时，这些女性中的大多数都已开始在工厂做工，以解决她们自身的收入问题。伴随着工厂生活的热烈昂扬和说长道短，她们与一大群人共处在一起。如此，她们在成长过程中会全然忽视有关家庭生活的一切……盼望女孩们放弃工厂生活是白费功夫，除非她们被教导在家务劳动中发现乐趣。"

与此相似的反对女性转变角色的强烈反应，体现在日本颁布于 1898 年的《明治民法》（Meiji Civil Code）中。日本在开启工业革命近三十年后，要求妻子在如下方面应征得丈夫的准许："接受或使用资金；签订借款合同或提供担保；就获得或放弃其在不动产或贵重动产中的权利相关的任何行为；在诉讼程序中采取任何行为；将赠予、和解或契约提请仲裁；接受或拒绝继承；接受或拒绝赠予或遗产；签订任何牵涉她自身作为法人的处分权的合同。"

在《阶级与性别的形成：成为体面人》（*Formations of Class and Gender: Becoming Respectable*，1997）一书中，性别研究学者贝弗利·斯凯格斯（Beverley Skeggs）提出，正如在 19 世纪一样，现在关于"体面"（respectability）的观念对于性别建构而言仍是至关重要的。做个"好女人"（good woman）通常是与做个体面的女人画等号的，要展现约束、自制和"不过分"，以及其他一切可以反映出良好品位的中产阶级文化价值观。

同当代社会一样，历史上，对于女性气质的建构而言，道德始终是关键。

与文化价值观和法律权利一道，宗教在建立和维系性别化的道德准则和性别角色方面也不可或缺。宗教道德准则看重女性的纯洁，强调女性贞操的重要性，将公共生活和宗教活动中的性别隔离合法化。

许多核心的宗教典籍都传递出古代农业社会中正统的性别角色，并将这些行为范式作为正确生活并在死后获得救赎的必要条件。

犹太教、伊斯兰教和基督教的各个派别将女人和男人分隔开来，试图保护女性的贞洁，保护其不受男性欲望呈现出来的不可控本性的伤害。在当代社会围绕性别和性行为的更广泛的话语中，这些观念显而易见，女性时常被认为由于自身行为，比如服饰选择或饮酒，而对遭受性骚扰和性暴力负有责任。与此相似，现代的保守宗教社群，比如门诺派中的严紧派（Amish），或是正统犹太教徒，在公共生活和私人生活的双重领域都选择严格遵循传统的男女性别角色。

相比之下，可追溯至约公元前1世纪的、关于古代日本社会的中文记载显示，在当时的日本，男女之间并无社会区分，也曾有过女性统治者。如上所述的文献在当时的历史语境下有可能是出于贬低日本人的意图，然而这类平等主义的行为可以在当时日本奉行的神道教中得到解释。早期神道教据说曾经包括对天照大神（Amaterasu）——创世者和太阳女神——的崇拜，由此形成一种母权制的宗教，其中女性特质与男性特质一样被信奉和推崇。

A 如图所示，春斋年昌（Shunsai Toshimasa）的作品《岩户神乐之起显》（*Origin of Music and Dance at the Rock Door*, 1887）描绘了天照大神，日本的太阳女神，从石门后现身。

B 图中照片呈现的是 19 世纪 80 年代用来运载女性的闺房马车（zenana carriage）。马车的所有侧面都被遮盖起来，以保护妇道并维护深闺制所要求的隔绝。

神道教（Shinto）
是日本的原生性信仰，与佛教一道，至今仍是日本的主要宗教信仰。其早期形式与佛教有显著差别，但是随着时间推移，也濡染了一些佛教和儒家文化的特征。

深闺制（purdah）
是南亚地区某些印度教和穆斯林社群隔绝女性的一种形式。居于深闺的女人远离公众视野，尤其是男性的视野，具体手段包括服饰（包括面纱）和墙、帐幔或帘幕等隔离的屏障。

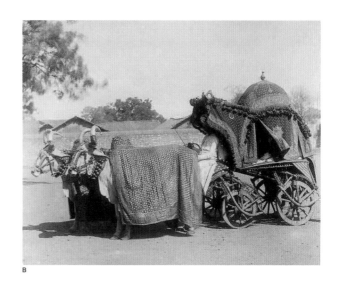

B

不断变化的经济条件和政策，与有关性别的宗教见解会发生抵触。

经济和政治体制的变迁，一直都是性别化体验中具有关键影响力的因素。比如在孟加拉国，始于 20 世纪 70 年代末的贸易政策的变革令服装业得以发展，需要新一波工人注入劳动力市场。这些工人即为移居城镇地区寻求就业的大量妇女，这一现象有别于传统的深闺制价值观，因为深闺制要求在公共领域将女人同男人分隔开来，并要求她们遮住身体和面庞。城市中女性加入劳动大军的进程，令城镇地区和那些需要女人赚钱的家庭对于深闺制的看法变得更加灵活。反过来，这又开始推动对于女性在社会中可能性的更广泛的公共认知。

A

然而，对于深闺制的历史性思考显示，种姓和阶级这类因素总是施加影响力于文化价值观之上，低等种姓和阶级的家庭需要女人贴补家用，她们与男人共同在外劳作。只有那些不需要女人工作的富裕家庭，才严格执行深闺制。

不断变化的环境与性别化的宗教习俗冲突的另一个案例是，西方如何理解传统印度教殉夫自焚习俗。奉行该习俗的女人会在丈夫的火葬柴堆上自焚。按照印度教的思维，这一习俗在历史上被理解为一种荣耀，然而从一种自由主义，尤其是女性主义的西方视角出发，它象征的是针对女人的强制和暴力。

1829 年，印度的殉夫自焚习俗被英国殖民当局宣布为不合法。正如作家加亚特里·斯皮瓦克（Gayatri Spivak）在其"下层能发声吗？"（"Can the Subaltern Speak?"，1988）一文中所言，我们对于殉夫自焚的了解一直来自英国殖民者，从不会来自牵涉其中的女人们。"白皮肤男性正在从棕色皮肤男性手中拯救棕色皮肤女性"，她的这一断言令有关权力的问题复杂化了。此处讨论的核心问题是个普遍的问题：是父权制习俗，还是个别女性的自主权，令这一实践成为可能？抑或是两者混合作用？斯皮瓦克及其他后殖民女性主义者会赞成后者。

以深闺制为例，当国家被入侵或是被殖民，来自殖民国的性别化角色和期待会被引进，还可能与当地对于性别的理解一同发展。不同的性别预期会发生冲突，并以复杂或对立的方式体现出来。

例如在南美洲的部分地区，西班牙统治影响了家庭内部性别角色的划分。原生的性别模式和资本主义的现代化需求，两者都视女性为劳动大军的重要组成部分，在这些家庭角色中共存。劳动力市场和家庭职责这两方面共同导致了互相冲突的期待，展现出此地女性所承担的不可调和的责任，这与世界上许多地方并无二致。

殉夫自焚（sati）是一种印度教丧葬习俗，寡妇会在丈夫的火葬柴堆上将自己作为献祭，现今已不再采行。殉夫自焚被其支持者视作至高虔诚与贞洁的行为。这一习俗的评论者解释道，一名寡妇即便不殉夫自焚，她所面临的选择也是凄凉的：她将被社会屏蔽——被剃光头发，只能以米饭为食，拒绝其与社会接触——很有可能被她丈夫的亲属虐待，他们在她死后可以继承其财产。

后殖民（post-colonial）时常被用来形容殖民统治之后的时段。后殖民研究是社会科学研究的一个分支，从生活于帝国主义之下的原住民视角来看待殖民统治对于人类的影响。

A 这幅描绘殉夫自焚（sati/suttee）仪式的作品，是某位印度艺术家于19世纪创作的，图中的这位妻子在其已故丈夫的火葬柴堆上把自己作为献祭。

在西方，女性主义运动向占主流统治地位的性别生物决定论发起了挑战，支持他们的论据自 20 世纪以来一直都在强化。

有关**性别社会化**的研究显示，性别化的行为是习得的，而非与生俱来的。

在我们成长过程中，周围人们的态度会影响我们的生活方式。关于性别社会化的研究已经表明，我们确实是在赞赏女孩和男孩的某些特定行为，鼓励性别化的玩具和活动，期待差异化的身体表现。相关研究同样强调，更广泛的社会结构是建构性别差异的关键。历史和宗教的重负，以及那些被展现成"自然而然"的东西，迫使作为社会也作为个体的我们倾向于维持传统性别角色。针对性别和教育的研究揭示了系统化的预期，即女孩或男孩在某些科目上会表现得更好或更差，会导致他们在学校里基于自身的性别选择——甚至是被鼓励去选择——不同的学科。

A 该图名为《瑞雨与她的粉红物件》(*Seowoo and Her Pink Things*)。是韩国摄影师尹贞美(JeongMee Yoon)创作的《粉与蓝计划》(*Pink and Blue Project*,2005 年至今)的一部分。这个系列检视了在美国和韩国,性别与儿童消费之间的关系。

B 《基勋与他的蓝色物件》(*Kihun and His Blue Thing*)出自同一系列。"我想要展现孩子及其父母——不管知情或不知情——在多大程度上被广告和流行文化所影响,"尹贞美说道,"蓝色成了力量与男性气质的象征,而粉色代表甜美和女性气质。"

性别与传媒研究已经着手处理性别差异如何被深深植入文化表征:针对男孩和有关男孩的媒体产品,倾向于突出行动和勇气,与此同时,面向和有关女孩的产品则偏重善良和美丽。

性别社会化(gender socialization)是从社会学和性别研究领域发展而来的术语,用以描述学习传统上与个体性别相关联的准则和价值观的过程。

女性主义哲学家艾里斯·玛丽昂·扬(Iris Marion Young,1949—2006)在其文"像女孩一样投掷:女性身体举止的运动性和空间性的现象学"("Throwing Like a Girl: A Phenomenology of Feminine Body Comportment Motility and Spatiality",1980)中提出,女孩会将她们身体柔弱的观点内化。她们不会认为自己可以胜任体力活,导致她们不会在体育活动中锻炼自己。不去进行诸如投掷之类的锻炼,力量和身体上的自信就不会增强。扬指出,女孩们不会被鼓励如男孩一般自如地运用自己的身体,而这种影响贯穿她们的生活。根据扬的观点,女孩们是"身体上拘谨的、受约束的、被安置的,以及被客体化的"。

20 世纪 80 年代性别社会化理论的重要扩展之一，就是朱迪斯·巴特勒的断言——生理性别和社会性别都是在社会层面和文化层面上建构起来的。她提出，重要的不是身体上的种种差异，而是这些差异在社会中被看待的方式。

对于巴特勒来说，社会性别和生理性别都是通过话语来建构的。从这个视角出发，性别并不存在于话语之外。巴特勒认为，没有人生来就是某种性别的；与之相反，我们是学着去"做"性别的："我们以巩固作为一个男人或一个女人之印象的种种方式来活动、行走、表达和交谈。"

A

A 图为英国《太阳报》（*The Sun*）的"The Son"头版，由伦敦的格雷公司（Grey agency）设计，以标示威廉王子及夫人之子乔治王子于 2013 年 7 月诞生。它提醒我们许多社会中新生儿性别的重要性，尤其是在财产或头衔会由男性后裔来继承的情况下。

B 在意大利，婴儿出生后，如果是个女孩，按传统要在家门上悬挂一条粉红玫瑰丝带；如果是男孩，就悬挂蓝色丝带，以此来宣告婴儿的性别。

B

巴特勒发展了"述行性"（performativity）这个概念，来思考性别的法则如何强制和重复地被付诸行动——以一种暗示它们为与生俱来的方式。她以一个婴儿的出生为例，当医生或护士宣告这个婴儿是女是男，他们并不是在评说某种已经存在的东西。根据巴特勒的观点，并不存在与生俱来的性别化的身体。相反，这种"言语行为"（speech act）——巴特勒称其为一种"述行性话语"（performative utterance）——令这个孩子的性别开始存在。这句"这是个女孩"或"这是个男孩"，将性别题刻在了孩子的身体之上。对巴特勒来说，对于性别如何被述行至关重要的是有关性别的社会准则和价值观。

社会期待我们去表现自身的性别。这并不总是循着一条平坦的线性之路前进，两性的平等和权利不一定随时间推移而得到改善。

例如在伊朗，20世纪80年代新的政府和权力集团上台，令女孩和妇女的权利缩减，她们被指定的社会角色也有所改变。20世纪初，伊朗女性曾接受教育，并全身心投入职业生涯，其中许多人参与政治活动并担任公职。其中许多人被雇为记者，或者成为作家，早在1907年就创办了一份聚焦女性议题的刊物。这比英国女性获得投票权早了十多年。

然而，1979 年的伊朗革命见证了伊朗伊斯兰共和国的掌权。在大阿亚图拉·霍梅尼的领导下，新政权废除了大量此前女性主义运动赢得的女性权利，并对性别角色进行了全面变革。女性再也不能担任公职，女孩婚配的年龄限制被降低到 9 岁，已婚女子不许上学，公共空间的性别隔离被加强，女性还被强制执行伊斯兰教的着装规范。

直到近二十年后（1997 年）新政府上台，伊朗女性才开始重获权利。

许多女性再次参与到政治活动和女性主义运动中，2003 年的诺贝尔和平奖就被授予激进女权主义者希尔琳·艾芭迪。但到了 2012 年，伊朗新的最高立法机构再次削弱女性权利。更进一步，伊斯兰教律法也在不顾当权政府的情况下被强化，可以限制女性在婚姻和生育方面的权利，削减其个人自由，强制推行着装规范（取决于它们如何被诠释——更多细节见第 4 章，例如穆斯林女子的头巾）。如今，伊朗女性依然缺乏许多基本权利。

A

A 图为 1961 年在伊朗德黑兰，一名身着罩袍的女性与一对西式穿着的夫妻在橱窗购物。今天，伊朗女性被要求遮盖她们的头部，但是罩袍本身不是强制性的。

B 图中剧照出自施林·奈莎（Shirin Neshat）导演的短片《激情》（Fervor, 2000）。这部影像作品探讨的主题是 1979 年伊斯兰革命以来伊朗的爱与性别，这场革命加剧了公共空间中男女两性的隔离。

大阿亚图拉·霍梅尼（Ayatollah Khomeini，
1902—1989）为伊朗政治家、什叶派宗教领袖，旧时伊朗沙阿（shah）及西方在伊朗之影响的批评者。1979 年沙阿政府倒台，他宣布伊朗为伊斯兰共和国。译者注：阿亚图拉是伊斯兰教什叶派中的一个等级。什叶派宗教学者的等级制度包括大阿亚图拉、阿亚图拉、霍贾特伊斯兰三个等级。只有极少数的什叶派宗教学者［乌里玛］才能达到大阿亚图拉的等级，霍梅尼就是其中之一。

希尔琳·艾芭迪（Shirin Ebadi，
1947— ）是位律师、大学教授，以及在伊朗和世界范围为人权而斗争的活动家。伊朗革命之前，她是伊朗首位女性大法官，是她发起了"百万签名"运动。

B

尽管如此，伊朗的女权运动仍声势浩大。

2006 年，他们发起了"百万人为废除歧视性法律签名"（One Million Signatures for the Repeal of Discriminatory Laws）的运动，并在全社会范围持续倡导女权。

伊朗的案例告诉我们，有关性别的看法是与变革中的政治和宗教制度紧密相连的，这些制度建构着日常的性别化体验。

政治和宗教领袖的观点，与女权运动参与者的信念形成鲜明对比。他们的性别观念存在显而易见的冲突，其意义也随时间变化而起伏不定。这类冲突表明，性别观念不仅因历史时段和文化的变化而变，即便在某一国家的某个特定时期也会改变。

有关男性的看法，以及对于怎样才称得上男人的期待，同样受制于历史和文化的变数。

在西方国家，男人之间有身体接触被解读为同性吸引的标志，并时常遭受歧视，但在许多阿拉伯国家，异性恋男性公开牵手很是常见。尽管西方将男性气质建构成拥有力量、权力、能提供保护和养家糊口的性别，但倘若我们环顾全球，男性角色就如女性角色一样，可以被视作流动的、可改变的，而非一成不变的。

A 图中照片展现了越南中央高地区域埃地族的传统锣钲（Cong Chien）表演。

B 2009 年，在阿富汗塔哈尔省的科克恰河附近，两位牧羊人被拍摄下来，当地有男人牵手的习俗。

C 2005 年，美国总统乔治·W. 布什随沙特阿拉伯人的习俗，与王储阿卜杜拉（Crown Prince Abdullah）手牵手，以此呼吁中东地区的和平。

A

埃地族（E De）是生活在越南南部的一个民族，也被称为 Rade 或 Ede。她们是母女相传的，家庭成员共同居住在一间长屋（longhouse）中，长屋归家庭中地位最高的女性所有。

B

C

譬如在几内亚比绍共和国的奥兰古岛上，男人是不被允许提亲的，当一位女性提议结婚，男人不能拒绝。越南南部的埃地族文化中，男人并不继承财产。在婚姻中，当地的男人会被冠以妻子的姓氏，并入赘到她家中。日本的男人可以按习俗期待，由女性赠送巧克力和鲜花作为礼物，而不是相反。

即便在男女两性角色上存在鲜明的文化和历史差异，对于两者的传统期待，现今依然在建构种种不平等。

自工业革命以来，主流劳动大军中的女性数量显著增长，不论她们是为了养活自己还是贴补家用。中产阶级和上层阶级的女性，与工人阶级的女性一样，在世界上许多地区都是公共领域中习以为常的组成部分，许多国家对于职业女性或"家庭妇男"的态度已变得更为积极正面（参见第 4 章）。

A

联合国儿童基金会（the United Nations Children's Fund, UNICEF）是一个总部位于美国纽约的联合国成员机构，为欠发达国家的儿童提供援助，发起代表他们权益的运动。

然而，家务劳动和儿童照护方面的性别不平等仍然存在。2016 年英国国家统计局的一项调查发现，在男女双职工的家庭关系中，平均而言，女性在家中要做多于男性 40% 的无偿劳动，包括清洁、购物和烧饭等家庭杂务。

联合国儿童基金会指出，在世界各个地区的性别社会化以及性别化陈规，以种种方式重视男孩的出生多于女孩的出生，认为男孩更有价值。据联合国儿童基金会称，这导致女孩们在社会保障和卫生保健方面面临歧视，在教育上也是如此。

传统性别角色看上去是为了满足早期农业社会的需求而逐渐成形的。但是，这些角色波动受经济、社会和政治现实状况影响的程度，说明性别角色的基础不只是生物学所决定的一成不变的特性，也就是说，性别其实是由社会建构的。

性别化的准则、价值观、角色和预期，是由特定的社会或文化所认定的，并被表现为理想特质。

甚至可以说，它们是由该社会的结构和习得的价值观——也由居于其间的个体——有意或无意地来存续的。由于这些角色和期待本身就是我们对于所谓性别的理解，它们在不同文化和时代中也并未一以贯之，由此我们可以说，性别本身不会一以贯之。

性别的可变动性，及其作为社会结构的起源，部分地体现在性别角色的时空变化上，以及那些用男性女性来确认身份的群体内部表现上。可是，跨性别和非二元性别认同的存在，也向我们表明，传统的角色和期待对于性别的含义和体验丧失了解释力。关于非二元的身份认同，以及性别呈现为流动而非某种强制性社会功能的思想，我们将在第 3 章进行讨论。

A 图为 1986 年关于中国计划生育政策的宣传海报，这是旨在推行独生子女的国策。

B 图为 2014 年广东省广州市的一家婴儿安全岛（baby hatch），一位母亲在抛弃孩子后痛哭。婴儿安全岛的推行力图阻父母将婴儿遗弃在大街上。

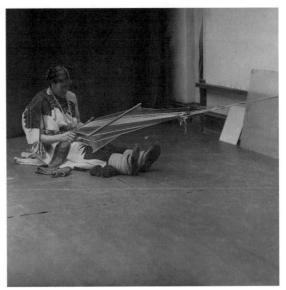

A

本章检视那些性别认同和／或性别表达超出或跨越了传统性别角色的个体和群体，以此表明，传统上将性别社会性地建构为在男性或女性之间"二选一"，通常是无法与日常社会中人们的体验、认同和决断相适应的。

西方的性别体系一直以来主要是遵循二元模式，男女两性被视为仅有的性别分类，同时女人和男人被认为根本上不同。环顾全球范围内的性别体系，我们了解到，其他地方情况并非如此。

历史上，数不清的族群的性别经验与只分男女的性别模式相异。譬如印度社会，性别多样性在其神话和悠久的历史中有着鲜活的传统。作家雅各布·奥格尔斯（Jacob Ogles）在《19位性少数印度教神灵》（*19 LGBT Hindu Gods*，2016）一文中指出："几个世

性别体系（gender systems）在某一特定社会中为男人和女人指定不同的行动、角色和地位。

中性人（hijra）一词在南亚地区被用来描述某人出生时生理性别被认定为男性，但其身份认同以及在生活中表现为女性。历史上南亚存在许多中性人社群，这在当代社会得以延续。

第三性别（third gender）是指一种既非男性亦非女性的法律上或社会性的性别分类。它存在于那些历史上就有这种传统性别角色的社会，以及那些近来已经认可某些既不认同男性也不认同女性的成员拥有正当权利的社会中。

纪以来，印度教的文学、神话和宗教典籍以神性特征来挑战性别二元论。"值得一提的是，中性人社群长久以来都是印度文化的一部分。

关于中性人的史料记载包括可上溯至约公元 2 世纪（学界就此存在重大分歧）的《爱经》（Kama Sutra）中的相关描述，以及《罗摩衍那》（Ramayana，公元前 300 年）和《摩诃婆罗多》（Mahabharata，公元 400 年）。2010 年塞雷娜·南达（Serena Nanda）的一项研究显示，中性人社群中的大多数成员出生时都被认定为男性，即便其中某些人是性别交叉者。她发现中性人生活在组织严密的社群中，形成了她所谓的一种"制度化的第三性别角色"。历史上，中性人被认为是无性恋者，以其神圣特质而著称，但是在当代印度社会，其中很多人靠从事性工作和某些宗教祈福祝祷活动来赚钱。2014 年，印度在法律上承认他们为第三性别——尽管并非所有中性人都欣然接受这一分类。

B

A　We-Wa 是 19 世纪北美地区祖尼人（Zuni）中的"双灵"（two-spirit）成员。性别多样化的人和双性人传统上受到美洲原住民敬重，当地人相信他们的属灵天赋更高。

B　图中的中性人群体位处南亚，hijra 一词被当地人用来指称跨性别者和性别交叉者。传统上他们是社会中备受敬重的成员，但如今许多中性人却在饱受歧视与贫困之苦。

A

还有一些文化同样认可不只存在两种性别。

在拉丁美洲的许多地区，"**反串者**"由来已久。历史上，他们被理解成既是男人也是女人，但是今天，就像印度的中性人，他们通常被视为第三性别。墨西哥萨波特克（Zapotec）文化中，"**第三类**"传统上被看作早于西班牙殖民体系中的第三性别，时至今日这个词有时被用作跨性别的同义词。"**中间人**"在某些波利尼西亚文化中有其传统地位，而在萨摩亚社会中，"**第三类人**"扮演着特定的文化角色；传统上，一个家庭如果缺少足够的女孩来辅助家务劳动，男性子嗣就会被抚养成"第三类人"，展现出男性和女性的双重特质。"人妖"指的是泰国和老挝的性别多样化者，性别多样性在中国、伊朗、印度尼西亚、日本、尼泊尔、韩国和越南都有文献记载。印度尼西亚有着世界上最大的穆斯林人口，那些出生时被认定为男性的**瓦里亚人**，公然地如女人一般生活。

反串者（travesti）指某些南美洲文化中出生时被认定为男性却自我认同为女性的个体。反串者通常利用植入物或硅胶注射来使自己表现得更加女性化，但是他们可能并不完全认同女性或男性，而是声称存在一种有其自身规则的独立的性别认同。

第三类（muxe）是存在于少数民族原生墨西哥文化——萨波特克文化中的一种性别认同。第三类人出生时被认定为男性，但是呈现出某些被看作专属女性的特质，比如穿着女性服饰、化妆，或是承担刺绣之类传统上女性化的活计。他们被视为结合了男性身体和男女两性双重特征的第三类性别。

中间人（mahu）一词的字面意思是"在中间"（in the middle），是夏威夷和塔希提文化中的第三类性别认同。身为"中间人"的个体，传统上，因承认自身拥有男性化和女性化双重面向的能力而受人尊敬，并在社会中享有一种独特的、被珍视的地位。

第三类人（fa'afafine）
是在萨摩亚受到认可的
一种性别认同，这类人
出生时被认定为男性，
他们或是出于自身选择，
或是由家庭选择被抚养成
女孩，尤其是在那些
生养了大量男孩但
缺少女孩的家庭中。
第三类人表现出
女性特质，在家庭中
拥有独特的社会角色，
承担传统上分派给女人的
活计。有些第三类人
（并非所有）认同女性。

瓦里亚人（waria）是
印度尼西亚的第三性别
社群，他们出生时被认定
为男性，但是相信自己
生来具有女人的灵魂。
瓦里亚社群也包括在西方
会被视为女人气的男同性
恋者。许多瓦里亚人
出于宗教原因并不希望
接受性别确认手术。

双灵人（two spirit）
描述的是许多混合性
性别角色和群体中那些
土生土长的北美人，
他们传统上存在于众多
美洲原住民和加拿大
第一民族的本地部落中。
"双灵"已经取代了
更老旧的词语"博达切"
（berdache）——因其
最初是被殖民主义者
采用而遭摒弃。

在有关性别多样性的讨论中，很重要的一点就是将性别置于本地化的理解和习俗背景中。

举例而言，大量的性别多样化社群，像是祖尼人中的ɬa'mana, winkte, alyhaa 和 hwamee，传统上就存在于众多美洲原住民部落中。这些社群中的成员最初被早期法国探险者称为"博达切"（berdache，这个法语词指的是男同性恋关系中更为年轻的一方），而后被殖民者更为广泛地使用。今天，他们一般而言更喜欢被称为英语中的双灵人，考虑到博达切的转义带有殖民性和贬义，双灵人是个更受欢迎的概括性词语。历史上，双灵人通常在部落中备受尊重，被视为经受了男女双重灵魂赐福的人，然而 20 世纪期间，来自欧美的和基督教的影响摧毁了这一传统。

A   2002 年，在墨西哥胡奇坦市，
     一名跨性别女子与其男友喜结连
     理，胡奇坦是个接受性别多样性
     的母权制渔村。

B   2015年在印度尼西亚日惹的
     Syawalan传统节庆期间，瓦里
     亚社群的一位成员在涂脂抹粉。

B

A

20 世纪末以前，人类学研究通常都将性别多样化的实践阐释为同性欲望的化身。

一些聚焦于美洲原住民性别多样化社群的研究，将这种文化传统解读为同性恋生活方式的体现，尤其是因为生物学上为男性但表现出女性特征的双灵人通常与具有男性气质的男人成婚，反之亦然。美洲原住民部落中的一些男同性恋和女同性恋成员选择将自己形容为双灵人，站到尊重另类的性或性别化生活方式的文化传统的行列中。其他一些转而将双灵人表现为跨性别文化的人类学家，已经质疑了将双灵人定位成同性恋先祖的做法。

B

然而"变性"是个相对晚近的西方概念。正如更加当代的阐释所提出的，双灵人有可能既不代表同性别的经验，也不代表跨性别的经验，而是表明在原住文化内部存在一种另类性别或性群体，而在西方却没有与之相对等的性别或性群体。

混淆性别多样化实践与同性恋非常常见，尤其是在西方文化中。

A　一群为"2014年中性人嘉年华"才艺秀环节做准备的中性人正在后台一起跳舞，这次第三性别大游行旨在争取让孟加拉国政府承认中性人的身份。

B　板湖社会福利社组织了"2014年中性人嘉年华"。图中两名中性人正在为游行做准备。

A

这种混淆部分地植根于这一事实，即性别与性倾向在许多社会都被视为紧密相关的。如果一位跨性别者选择从男性变成女性，但变性之后依然受女人吸引，以社会的眼光来看，这就不只是从男性变为女性，也是从"直的"变成了同性恋者——即便事实上她的性取向没有发生实质变化。

另一个因素或许是，在 20 世纪 欧洲和美国的性学发展的早期阶段， 对于人类性倾向的研究，也为 理解性别多样化者开启了新途径。

在前工业化的欧洲，对性行为的管控就像对道德行为的管控，被当作一种宗教的或精神的议题，并落入教会的职权范围。性学标志着人们对于性倾向的理解摆脱了宗教和道德的框架，因为它成了科学探索的主题。整个 19 世纪，在社群中和法庭上，医生和科学家们成为有关性常态和性异常的举足轻重的教导者。哲学家米歇尔·福柯（Michel Foucault，1926—1984）在《性史》（*The History of Sexuality*，1976）中主张，这一时期针对性倾向存在一种根据类型和身份认同，而非行动与行为的重新界定。

性倾向成了"我们是谁"的一个重要面向，而不单是我们做了什么。

A 这些旅行卡片（carte-de-visite）出自属于社会历史学家詹姆斯·加德纳（James Gardiner）的一份摄影收藏。其中 19 世纪这一辑展示了 19 世纪 60—70 年代易装在私人领域和剧场中的应用。易装戏剧表演在维多利亚时期相当常见，存在许多男人日常扮作女人的事例。他们以"假冒女性者"（female impersonators）闻名于世，时常因同性恋的罪名被捕，同性恋在英国直到 1967 年才合法化。然而易装本身并没有触犯法律。

思考性倾向的这类方式，反映了一种二元的生物学模式。性倾向以"正常"与"异常"的二元对立被分类；婚姻中生殖性的异性性行为就是正常的，其他性行为就被建构为作为对立面的异常。大量的性经验被病态化。易装与跨生活的性别经验起初是被放进类似同性恋的框架内来理解的。同性恋以及性别多样性被视为出于生物学上的缺陷而对异性恋作低级效仿。同性恋和肛交在历史上通常被判定为非法的或是被建构成非自然的，但是性学令其得以医学化、病理化，同性恋和性别多样性在医学上均被视为异常。

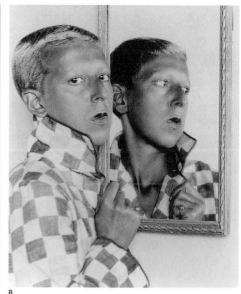

A

B

在性学的思维方式中，
倒错（invert）的观念意义重大。

人们相信，性倒错表明了性别特质的某种天生的颠倒：男性的倒错会对传统上女性的爱好和着装有好感，反之亦然。这种看法见于著名性学家霭理士（Henry Havelock Ellis, 1859—1939）的七卷本著作《性心理学研究》（*Studies in the Psychology of Sex*, 1897—1928）中。据他所言，倒错表示"性本能因天生的体质异常转变为对同性的个体有冲动"。在相似的脉络下，性学家理查·冯·克拉夫－埃宾（Richard von Krafft-Ebing, 1840—1902）于1898年将同性恋阐述为女性性倒错的结果，"男性的灵魂，在女性的胸怀下喘息"。早期性学将性别与性倾向视作内在相关的：男同性恋是有艺术天赋的、柔弱的；女同性恋也是有艺术天赋的、男子气的。

A 爱尔兰小说家、诗人及剧作家奥斯卡·王尔德1895年在伦敦因鸡奸而获罪，他在写给自己男性爱人的书信被公之于众后，被捕入狱。他曾在瑞丁监狱服过十年苦役。

B 图为克劳德·卡恩（Claude Cahun）的《自画像》（*Self-portrait*, 1928）。卡恩的作品描绘了各种类型的性别多样化人物的面貌。

C 1927年拉德克利夫·霍尔与"乔布里琪女士"乌娜·文森索（Una Vincenzo, Lady Troubridge）在一起。霍尔与乔布里琪曾在伦敦和东萨塞克斯郡同居。霍尔最为人所知的是她的半自传体小说《寂寞之井》。其中描绘了性倒错这种19世纪对于跨性别和同性恋认同的合并。

性倒错的概念很快就在社会上更为广泛地流行起来，并在文化表征之中清晰可见，拉德克利夫·霍尔（Radclyffe Hall, 1880—1943）的《寂寞之井》（*The Well of Loneliness*, 1928）就是其中的典型。

小说讲述的是"倒错的"史蒂芬·戈登的故事：出生时被认定为女性的她渴望成为男孩，并在成长过程中变得更为雌雄同体，或曰中性气质，她还与一位名叫玛丽的女性发展出浪漫关系。就如小说所描述的，史蒂芬"憎恶她那有着强壮肩膀、小而紧实的胸脯和运动员般修长胁腹的身体。终其一生她都必须拖着这副身躯，像在她的灵魂上强加了丑陋的桎梏"。霭理士在该书序言中写道："这是第一部以完全忠实且毫不妥协的形式，将性别生活中的某一独特面向呈现出它的本来面目的英文小说。"

我们可以从这部小说中看到性学在两个重要方面的影响：一是女同性恋者即为倒错者的观念；二是将性别与性倾向混为一谈的方式。

这一时期，性学研究与事关非异性恋（或性别多样化）经验的文化形式被认为是下流的，且可依《1857 年淫秽出版物法案》进行告发。出版方面，《寂寞之井》在英国依法被禁，审判时法官陈述道："无论如何，我毫不犹疑地宣称这是一部淫秽的诽谤之作，它会轻易腐化那些手握它的人，这本书的出版有伤风化……"

c

倒错（invert）是早期性学研究中发展出的术语，用来指涉同性恋的男人或女人。这个词将同性恋表现为一个人的外在性别特征与内部相颠倒，由此将性别与性倾向混为一谈。

性别多样化的实践
在这一时期并不受法律管控，
但是性别多样性被纳入了福柯
提出的对"非常规"（peculiar）
的性的医学化之中。

即便易装的习俗和跨性别表达由来已久，医学研究直到1910年才创造出"transvestism"（变装癖）这一术语，迟至1950年才发明"transsexuality"（变性欲）。

《变装癖者》（*Transvestites*，1910）是性学研究者马格努斯·赫希菲尔德（Magnus Hirschfeld, 1868—1935）的开创性研究，对变装的具体做法进行了分类。

B

在书中，他将变装定义为"穿着与其
性器官所表明的性别明显不同的性别
的外在装束的冲动"。霭理士也反对普
遍存在的将对同性别的欲望与易装混
为一谈的做法。

易装与跨性别生活经验
已成为医疗干预的焦点，
既包括诊断，也包括治疗。

正如前文所述，性别多样化或性别交叉
（intersex）的个体在印度教文化和某些
美洲原住民部落文化中，可以扮演某种独
特的宗教角色。

古希腊神话也大量涉及**雌雄同体**、跨性别习俗和性别交叉；例如，阿芙洛狄忒——更常见的变体是被描绘为阿芙洛狄忒女神——的神像显示，他／她既有乳房也有阴茎。诸多当代资料足以表明，在祭祀阿芙洛狄忒期间，男人和女人会交换服饰和性别角色。

在宗教世界之外，戏剧中的易装史至少可上溯至古希腊时期，彼时男性演员同时饰演女人和男人的角色。日本的歌舞伎和元朝的中国戏曲都以易装为特色。在文艺复兴时期的英格兰，类似的情况也是真实存在的；莎士比亚的几部戏，包括《威尼斯商人》《皆大欢喜》和《第十二夜》，更是充分利用这一形式，让女性角色（一般由男性演员来扮演）穿着男性服饰——一种双重蒙骗。晚于莎士比亚一个世纪的16世纪初，上层男性穿戴精心装扮的服装、假发、化妆品和珠宝已是家常便饭。这般修饰并不意味着同性恋——如后来一般——而是代表财富和声望。

A 图为日本 19 世纪 90 年代两名歌
舞伎演员的肖像画——其中一人扮
演女人，另一人扮演武士——两人
均化过妆且装扮繁复。传统的歌舞
伎剧场中，无论男性还是女性的角
色，都是由男人来扮演的。

B 图为 19 世纪英国画家兼书籍插
画师理查德·弗雷德里克·皮
克斯吉尔（Richard Frederick
Pickersgill）的作品，描绘的是莎
士比亚的喜剧《第十二夜》中的奥
西诺公爵和他的爱人薇奥拉（假扮
成男孩）。在文艺复兴时期的英格
兰，男性演员扮演女性角色稀松平
常，薇奥拉的易装又带出额外一层
纠葛。

B

历史上也有一些事例是女人穿上男装，像男人一样生活，为的是接近那些不向女人开放的专属男性的职位或消遣。

众所周知（但可能是虚构）的事例之一，就是中国北方的花木兰，据说她女扮男装为的是帮助年迈的父亲逃避兵役。在英国，汉娜·斯内尔（Hannah Snell，1723—1792）以詹姆斯·格雷（James Gray）之名加入皇家海军，并于 1747—1750 年参加了战斗。斯内尔因伤退伍，并获得军人抚恤金。在美国，爵士音乐家比利·蒂普顿（Billy Tipton，1914—1989）去世后，人们才知道他的身体在生理上是女性。人们相信，蒂普顿在他成年生活的早期就已经决定，作为男人会拥有更多的机遇和成就。

A 图为画作《晨间嬉戏，或性别的嬗变》（*A Morning Frolic, or the Transmutation of the Sexes*，1780），出自一位不知名艺术家（署名 John Collett），呈现的是一名士兵与一个穿着睡衣（衣冠不整）的女人互换衣饰。

B 图中两幅莉莉·埃尔伯的肖像画，是由她的妻子、丹麦艺术家格尔达·韦格纳（Gerda Wegener）于 1928 年创作的。1930 年，埃尔伯在柏林的性学研究所接受了已知的第一例变性手术。手术是在著名性学家马格努斯·赫希菲尔德的指导下进行的。术后，埃尔伯的婚姻被宣告无效，因为法律不承认两名女性的婚姻。

社会内部给予这类实践的空间始终在变动。性史学家伊恩·麦考密克（Ian McCormick）已通过文献证实，18 和 19 世纪间，被称为"molly house"（同性恋酒吧）的俱乐部为男扮女装提供了空间。20 世纪 20 年代，几位有影响力的作家、艺术家和哲学家——包括弗吉尼亚·伍尔芙（Virginia Woolf，1882—1941）、拉德克利夫·霍尔和格鲁克（Gluck，1895—1978）——打扮成雌雄同体的样子，穿着当时中产阶级男性的服饰：西装、衬衫、马甲和领带，还有拷花皮鞋。

20 世纪 30 年代起，西欧地区医疗技术的进步使得当时所谓"改变性别的"（sex change）手术得以实现，不仅跨性别生活和易装成为可能，生理上改造身体也有了可行性。

丹麦画家莉莉・埃尔伯（Lili Elbe，1882—1931）是最先为公众所知的接受了变性手术（这是它现在的叫法）的**跨性别**女子，手术最初是在马格努斯・赫希菲尔德的指导下于德国进行的。

身体改造只是有关性别的具身化与认同之看法的更广泛变革的一部分。

随着 20 世纪 60 年代进行手术变得更加容易，"变性"（trans-sexual）这个词语被大众化，用以描述接受过手术的个体。这一时期，美国对于跨性别经验的研究有所发展。哈里・本杰明（Harry Benjamin，1885—1986）的《变性现象》（*The Transsexual Phenomenon*，1966），罗伯特・斯托勒（Robert Stoller，1924—1991）的《性与性别》（*Sex and Gender*，1968），以及理查・格林（Richard Green，1936— ）与约翰・莫尼（John Money，1921—2006）合著的《跨性与变性术》（*Transsexualism and Sex Reassignment*，1969），就是最众所周知的例子。

B

这些文本中显而易见的观念是，变性者被生在了"错误的身体"中。

手术被定位成恰当的治疗，以使身体与性别认同和谐一致。不变的是，人们依旧将性别多样性看成是病态的。

在《跨性别男性与女身男心者》（*Transmen and FTMs*，1999）一书中，跨性别男性作家杰森·克伦威尔（Jason Cromwell）将他对于变性相关信息的初步搜寻描述如下："考虑到注射激素和接受手术的可能性，这项研究将会指出我的错误，除非我愿意承认自己脑子有病（精神错乱、神经官能症、人格分裂和妄想，还有抑郁和偏执的发作），并向手术致残屈服。"

A

A 学生们在赫希菲尔德所在的柏林性学研究所前列队行进。1933年，德国学生联合会宣布要对"非德国精神"（un-German spirit）采取行动。学生们烧毁了科学的教科书和文献，坚信它们损害了德国的纯洁性。这预示了向纳粹主义的迈进。

B 1950年，乔治·乔根森（George Jorgensen）因在丹麦的一系列变性手术而离开了纽约。图中肖像作为示例表明了媒体对于变性"之前"与"之后"的故事的关注，今天依然如此。

BEFORE　　　　AFTER　　　　TODAY

B

尽管自 20 世纪初以来，对于性倾向与性别的看法经历了重大变革，然而经由性学建构起来的模式始终难以转变。

对于性别和性倾向的理解继续纠缠不清，在许多当下的理解中，性倾向仍然与性别相关。

比如说，社会生物学家西蒙·勒维（Simon LeVay，1943— ）曾提出"同性恋基因"（gay gene）理论，意指男人之间的同性取向是由大脑中某些细胞在大小上的差异导致的。迪恩·哈默（Dean Hamer，1951— ）也从他的基因理论中提出一个关于性行为的生物学模型，声称同性恋男子比异性恋男子拥有更少的 X 染色体。这种将男同性恋行为与男性生物学性别的各个面向相联系的做法，暗示同性恋男子在基因上就比直男更加"女性化"。

同性恋男子乃"天生如此"（born this way）的观念，在 性少数 社群的某些圈子里备受欢迎，他们利用这一理论来驳斥歧视。

然而很多人反对这种性倾向的生物学模式，如同很多人反对性别的生物学模式一样。

20 世纪 40—50 年代，美国性学家阿尔弗雷德·金赛（Alfred Kinsey，1894—1956）发表了"金赛性学报告"（"Kinsey Reports"），提出性倾向是一个连续体。有些人坚定地处于其中一端（异性恋），或另一端（男 / 女同性恋），据他所言，许多人处于连续体上各不相同的点（双性恋）。他在《人类男性性行为》（Sexual Behaviour in the Human Male，1948）一书中提出，人们"并非表现为两个互不关联的群体——异性恋和同性恋。世界不会被划分为只有绵羊和山羊。分类学的基本原理就是大自然中几乎不会出现互不关联的类别"。

社会科学领域的研究也显示，性倾向是流动的，人们能够，而且的确在选择他们的性倾向。

A 性学家阿尔弗雷德·金赛的研究《人类女性性行为》（Sexual Behaviour in the Human Female）与《人类男性性行为》（Sexual Behaviour in the Human Male）一并出版于 1948 年。两部作品一道成为众所周知的"金赛性学报告"。

B 劳伦斯·拉里亚尔的《哦！金赛博士！》（Oh! Dr. Kinsey!，1953）是一部摄影作品集，描绘女人们当被问及与阿尔弗雷德·金赛及其研究者所提出问题相似的一系列问题时，会有怎样的滑稽反应。"金赛性学报告"令人们注意到婚外性行为、同性经验和出轨的普遍存在。20 世纪 50 年代，它们震惊并深深吸引了美国公众。

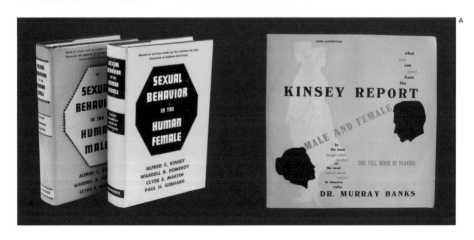

社会学家琳达·加纳特（Linda Garnets）和安妮·佩普劳（Anne Peplau）2006 年发表了有关女性性倾向的研究成果，女人的性取向是弹性的，而非固定的。她们认为，这是由生活阅历，社会与文化因素塑造的，具体包括"女人的教育、社会地位和权力、经济机会，以及对于女性角色的态度"等。从这一视角出发，性的认同、欲望与经验，可以在一个人的一生中不断变化，性别的认同和体验同样可变。

性别和性倾向都可以被视作以"谱"的形式存在，或者可以说是两个相对独立却紧密关联的光谱。

然而，这种类比忽视了"无性恋"或"无性别者"的体验，这两个词语近年流行了起来。

性少数（LGBTQI）是女同性恋（lesbian）、男同性恋（gay）、双性恋（bisexual）、跨性别（transgender）、酷儿（queer, questioning）、性别交叉（intersex）的首字母缩写词。可在其后增加其他字母或符号以使这个缩写词更具包容性，例如"A"代表无性恋或无性别者，"*"代表承认可能存在的各种认同和性取向。

无性恋（asexual）很少或毫无性欲望，或不受性吸引。无性恋就像异性恋或同性恋一样，也是一种性取向。无性恋者可能会，或可能不会感受到浪漫的吸引，这种吸引不同于性吸引。

B

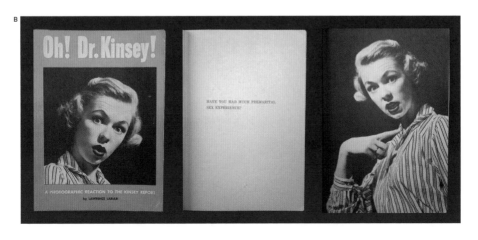

	生理性别	
男性	性别交叉	女性

	性别认同	
男人 / 男孩	跨性别 / 酷儿 / 双灵人等	女人 / 女孩

	性别表达	
男性气质	雌雄同体	女性气质

	性取向	
被女人吸引	被所有人吸引 / 被两性吸引 / 不被任何人吸引	被男性吸引

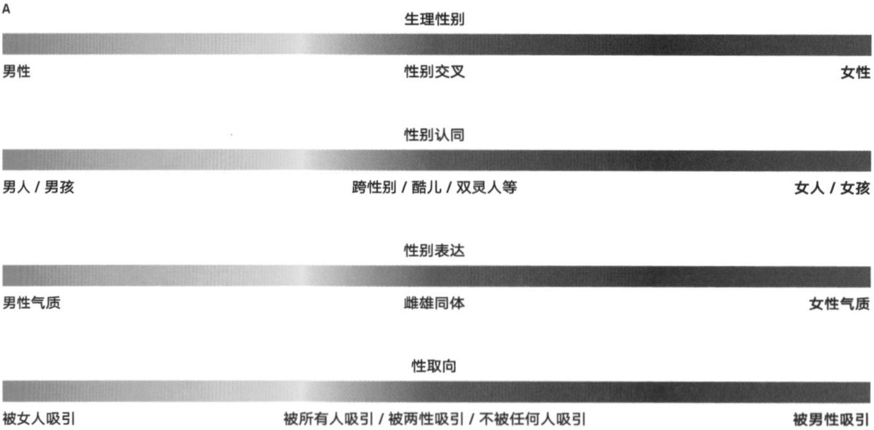

无性恋取向很可能不是新事物，互联网令无性恋社群得以发展，其中最大的一个就是 2001 年成立的"无性恋宣传教育社群"，其目标是"令无性恋被公众接受和讨论，促进无性恋社群的成长"。由此，无性恋社群中有些人推动在性少数（LGBTQI）缩写词后面增加字母"A"，以使无性恋被视为一种性别认同。

与此相应，"无性别者"这个词语被用来指称那些感觉不到自己具有某种性别认同的人。

A 阿尔弗雷德·金赛声称他的研究显示，人类的性倾向以光谱的形式呈现，而非同性恋与异性恋的二元对立。这些光谱告诉我们，性别的不同面向以相似的方式发生作用。如图所示的线性形象化依然适用于性别二元论，暗示着非二元的性别处于男性或女性的两极之间。

B 图中的非线性图形将性别认同描画为一系列可以彼此重叠或交错的可能性，而非男性和女性的二元模式。

C 这一图形显示了生理性别与性倾向之间一些可能的关系，包括男性、女性和性别交叉等各种变化。然而其中尚未涉及无性恋。

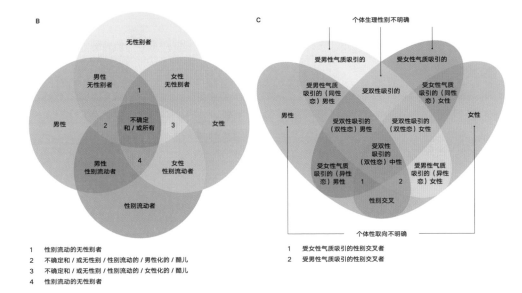

B
无性别者
男性
无性别者
女性
无性别者
1
不确定
和／或所有
男性
2
3
女性
男性
性别流动者
4
女性
性别流动者
性别流动者

1　性别流动的无性别者
2　不确定和／或无性别／性别流动的／男性化的／酷儿
3　不确定和／或无性别／性别流动的／女性化的／酷儿
4　性别流动的无性别者

C
个体生理性别不明确
受男性气质吸引的
受女性气质吸引的
受男性气质吸引的（同性恋）男性
受男性吸引的
受女性气质吸引的（同性恋）女性
男性
受双性吸引的（双性恋）男性
受双性吸引的（双性恋）女性
女性
受双性吸引的（双性恋）中性
受女性气质吸引的（异性恋）男性
受男性气质吸引的（异性恋）女性
1
2
性别交叉
个体性取向不明确

1　受女性气质吸引的性别交叉者
2　受男性气质吸引的性别交叉者

当我们把无性别者和无性恋认同——他们从定义上就是"在光谱之外的"（off the spectrum）——以及诸如性别流动和性别波动这类认同算进来，把性别认同和性取向当作人人殊异的一套复杂特征的组合可能会更为合理。个体特征可以"更女性化""更男性化"，或两者皆非；抑或是"更偏异性恋""更偏同性恋"，或两者皆非。一个人或许拥有许多"更加男性化"的性别特征，但也有一些"更加女性化"的特征（反之亦然），或是拥有一种均等的平衡或许多"性别中立"特征—与性倾向相关的特征也是如此。这些特征聚合在一起，形成了一个人的性别认同和性取向。随着有关这一议题的理解在不断增进，种类繁多的可能的组合有助于解释为什么近来描述性别认同与性取向的术语激增。

随着对于性别之复杂性的意识有所增长，性别会流动的观念越来越流行，并已进入英国和美国的名流文化中。女演员兼歌手麦莉·赛勒斯（Miley Cyrus，1992— ）谈论到性别认同是会流动时断言："（今天）你可以成为你想要成为的任何人。"在接受 *Out* 杂志采访时，赛勒斯进一步解释道："我并不根据人们所说的那样去定义一个女孩或一个男孩，我想我必须这样去理解：成为一个女孩不是我所厌烦的，我只是被放进了那样一个盒子里而已。"

A

女演员蒂尔达·斯温顿（Tilda Swinton，1960— ）也抗拒将一个人定义为非女即男，她在近期的一次采访中说道："我不是很清楚我是否真的可以说我曾是个女孩——很长时间以来我在某种程度上是个男孩。我不清楚，谁又清楚呢？这是会变化的。"澳大利亚女演员兼模特鲁比·洛斯（Ruby Rose，1986— ）有过类似的说法："我的性别是相当具有流动性的，我感觉我每天都以一种较为中立的性别醒来。"

"老虎乐队"（Le Tigre）和"男人乐队"（MEN）的成员 JD·萨姆森（JD Samson，1978— ）说自己是"后性别者"（post-gender），还发表了女性或是男性的性别二元论已经过时的论调。不仅是年轻人在明确表达自己的性别会流动：例如，喜剧演员埃迪·伊扎德（Eddie Izzard，1962— ）说自己是"一个完全的男孩外加半个女孩"，艺术家格雷森·佩里（Grayson Perry，1960— ）时常展现他人格中作为第二自我的"克莱尔"的一面，音乐家皮特·汤申德（Pete Townshend，1945— ）曾说，"我了解作为一个女人感觉如何，因为我就是个女人。我不愿只是被划分成一个男人。"在英国、澳大利亚和美国之外，名人们也在明确表达非二元论的性别认同，包括巴西模特 Lea T（1981— ）和加拿大作家雷·斯庞（Rae Spoon，1982— ）。

性别多样性虽然越来越受到认可，但它仍然是个充满争议性的话题。

值得一提的是，
儿童中的性别不适已成为
引发医学关切的议题，
获得了文化上的关注，
并激发了讨论。

尽管并非所有儿童都遵从或内化性别陈规的约束，那些没有与性别化规范行为一致的孩子会经受与同龄人的隔离，或是被老师、家长斥责。这会导致年轻人低自尊，甚至做出自残甚至自杀的行为。比如，慈善组织石墙（Stonewall）的一份报告指出，80%性少数年轻人曾经自残，并在遭受欺凌后企图自杀。他们也更容易无家可归。

A 图为1971年英国音乐家大卫·鲍伊（David Bowie）与妻子安吉（Angie）和三周大的儿子措韦（Zowie）。鲍伊穿着法兰绒阔腿裤、土耳其棉衬衫，戴着一顶毡帽。这组照片由罗恩·伯顿（Ron Burton）拍摄，广为刊载，显示其双亲都在挑战性别的边界。

B 图为2004年《卫报》"海伊文学节"上的克莱尔，她是特纳奖得主、艺术家格雷森·佩里的女性人格。他自童年时期就开始易装，后来克莱尔的表现方式越来越浮夸。"我想我的着装就是我潜意识的纹章。"他说。

位于伦敦的性别认同发展服务机构（The Gender Identity Development Service，GIDS）致力于为忧虑自身性别的儿童提供咨询服务。1982 年，GIDS 成立当年就有两例转介。2015—2016 年，被介绍来接受援助的大概有 1400 人，是前一年的两倍。其中近 300 人是 12 岁以下的儿童。在加拿大，至 2016 年，那些想要被接受为与出生时认定的性别相反而向家庭法院提出申请的年轻人，数量增长了 600%。文化上的可见和变化中的社会态度意味着，家庭、学校和儿童自身对于性别多样性有了更多了解。

例如在瑞典，基于性别多样性的反歧视政策促使性别中立幼儿园应运而生，这类幼儿园对于他们教育的所有孩子都采取非性别化的态度。内含性别陈规的书籍是不被采用的，所有孩子都被鼓励以同等身份参与所有活动，非性别化的代词"hen"在这里就和"he"（他）或"she"（她）一样常见。这种方式得到了儿童性别认同领域的几位专家的肯定，包括 GIDS 的专家。然而承认儿童的性别多样性这一小步也引发了巨大争议。

A

一方认为，孩童天生就是性别多样的；只是社会将性别二元体系强加在他们身上。从这一立场出发，越来越多忧虑自身性别的儿童被转介给援助服务机构，这可以被理解成一种期待已久的征兆，性别多样化的儿童如今被给予了他们所需的关注。

换句话说，儿童作为一个整体没有变得更容易成为跨性别者。然而，跨性别的儿童却不用再忍受沉默的煎熬了。

A　这些照片出自荷兰摄影师莎拉·王（Sarah Wong）尚在创作中的系列作品，题为《由内而外：跨性别儿童肖像》（*Inside Out: Portraits of Cross-Gender Children*）。从左至右依次是："白马公主""女孩""泳装男孩""男孩"。这个计划始于 2003 年，当时王开始追踪一群荷兰的跨性别儿童，他们每个人都寻获了新的身份认同。"在这些照片中你看到的每个女孩出生时都是男的，每个男孩出生时都是女的。"艺术家说道。

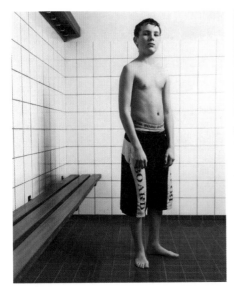

A

从另一方的立场来看，
担忧也有其理由。

有些人认为，儿童对于这些议题还无法形成成熟的见解，因此强烈反对儿童会认同性别多样化的思想。西悉尼大学的儿科教授约翰·怀特霍尔（John Whitehall）提出，性别焦虑症的诊断约等于儿童虐待。这是"对儿童身心的严重侵犯"。在美国，曾被特朗普总统提名的大法官候选人杰夫·马蒂尔（Jeff Mateer）在相关讨论中曾坦率放言，跨性别儿童是"撒旦计划"的一部分，这令他声名狼藉。

从第三性别原住民社群，到全球范围内历史上就有易装现象的族群，从跨性别身体改造技术的发展，到非二元性别的宣言，本章已经表明，性别可以在个体的和主观的层面被多样化地体验，被流动性地实践。

清晰呈现在我们面前的是，当我们谈论性别，不管我们的意思是什么——是生物学性别、我们所履行的被社会建构的角色、某种个人同一性，还是以上三者的结合——它都是会流动的。

生物学性别不完全被限制于男性或是女性。

社会化性别角色不论是在不同时期，还是在不同文化中，抑或是在某一社会的某一时期，都不是固定的一以贯之的。人们的性别认同并非总与社会规范保持一致，或是一生都不改变。随着越来越多的人开始意识到这一点，性别激进主义和辩护运动方兴未艾。关于这类集体的和个体的性别化能动作用的事例，我们将在第4章讨论。

性别焦虑症（gender dysphoria）是一个医学术语，用来描述一个人体验到自己情感上和具身化的认同，与其出生时被认定的有所不同的感受。

A　2017年反对跨性别的"自由言论巴士"（Free Speech Bus）在美国巡回，但到达纽约后遭到抵制，包括被喷上支持跨性别标签的涂鸦。

B　杰西卡·赫特尔（Jessica Herthel）的著作《我是"爵士"》（I am Jazz，2015）是本面向儿童的关于跨性别者的书，描绘了童年时经历过变性的爵士·詹宁斯的生活经历。

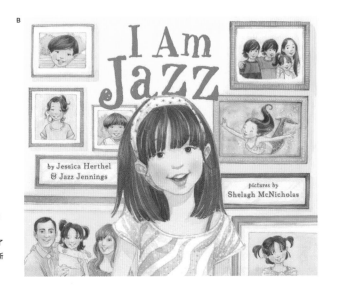

B

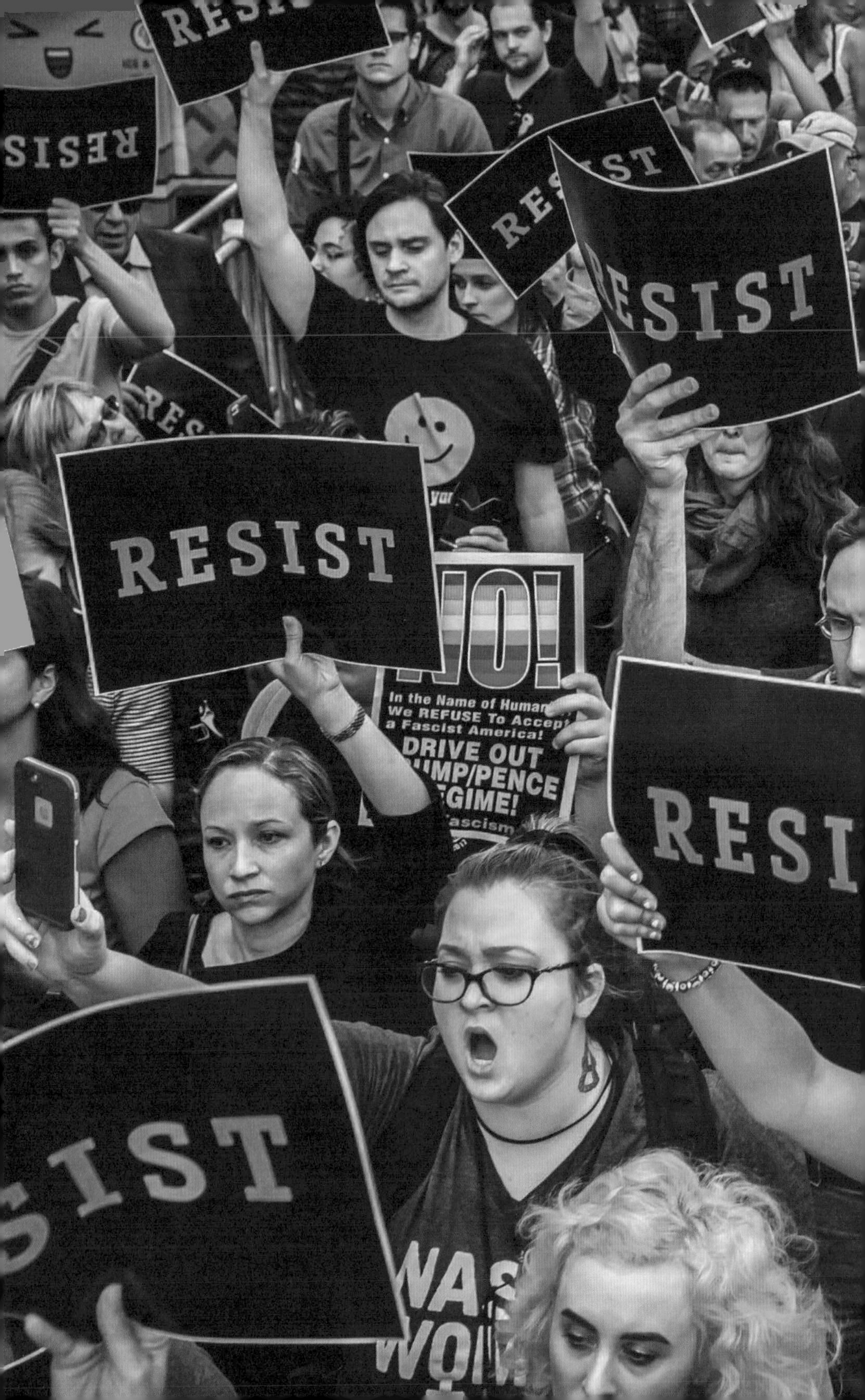
RESIST
RESIST
RESIST
RESIST
a Fascist America!
DRIVE OUT

4. 性别激进主义
Gender Activism

《女权和（女性）公民权利宣言》（*Declaration of the Rights of Woman and of the Female Citizen*）是奥兰普·德古热作于 1791 年的一份小册子。她以《人权宣言》——国民制宪议会正式通过的具有开创意义的民权宣言——为基础，揭示法国大革命在认可女性权利方面的失败。

在某种意义上，自存在性别多样性那天起，就存在性别激进主义。

前文提及的许多性别多样性的事例，牵涉一些个体或社群，他们主张自我识别性别的权利。

然而，大多数当下的性别激进主义运动，都植根于现当代女性主义的发展（在欧洲和美国，肇始于 18 世纪末），以及现代的跨性别权利运动（发生在 19 世纪末，与早期借由性学开展的性少数权利运动紧密相关）。

18 世纪末，如玛丽·沃斯通克拉夫特（参见第 1 章）和奥兰普·德古热（Olympe de Gouges，1748—1793）这样的女性开始提倡女人应该得到与男人同等的对待。德古热于 1791 年发表了《女权和（女性）公民权利宣言》——在沃斯通克拉夫特发表《女权辩护》（*A Vindication of the Rights of Women*）的前一年——要求男人们检视"性征在大自然中的运作：你会发现它们无论在哪儿都相互融合，和谐共处……"她是一位多产作者，视女权为更广泛的自然人权的一部分。

性别激进主义即便在其现代化身的早期阶段，也没有局限于西方上层白人女性的种种行动中。

交叉性（intersectionality）对于黑人和后殖民女性主义书写（将性别与种族的交叉进行理论化）至关重要。黑人女性主义关注的是黑人女子同时由于她们的种族和她们的性别，譬如说在工作场合中，遭受歧视的种种。在女性主义的早期阶段，许多激进主义者都与反奴隶制改革和社会正义运动相关联。

A 图为让 - 巴蒂斯特·勒叙厄尔（Jean-Baptiste Lesueur）的作品《女性爱国者俱乐部》（*Club Patriotique de Femmes/ The Patriotic Women's Club*，1791）。1791—1793 年，法国女性成立了如图所示的社群，以支持共和政体，并为获得与男人同等的政治权利而斗争。图为她们为支持这项事业捐款。

B 图中示例的是反奴隶制主题的粗陶器与陶瓷奖章，由威基伍德旗下的威廉·哈克伍德（William Hackwood）于 1787 年设计，供反奴隶制运动进行发放。其上有铭文："难道我不是个男人，不是兄弟？"（"Am I not a man and a brother?"）

B

A

B

索杰娜·特鲁斯的历史个案，将性别与种族相交叉带来劣势的种种摆到了明面上。

她最为人所知的是题为"难道我不是女人吗？"（"Ain't I a Woman?"）的演说，1851 年 5 月在俄亥俄州的一次女权集会上发表道："那边的那个男人说，女人需要有人帮忙上马车，跨过沟渠，在每个地方占据最佳位置。可没有人帮我上过马车，越过泥坑，给我任何一个最佳位置！难道我不是女人吗？看看我！看看我的手臂！我犁过田，种过粮食，收过庄稼，没有男人可以领先于我！难道我不是女人吗？我可以和男人干同样多的活，吃一样多的饭——在我有饭吃的时候——也挨过鞭子！难道我不是女人吗？我生过 13 个孩子，看着几乎所有孩子都被卖作奴隶，当我作为母亲怀着悲痛失声痛哭，除了耶稣没有任何人聆听！难道我不是女人吗？"

特鲁斯的性别认同通过她反复的诘问得以伸张："难道我不是女人吗？"然而她也指出，白人男性和女性并不认为她象征着女性身份。

正如社会学家盖尔·刘易斯（Gail Lewis）和安·菲尼克斯（Ann Phoenix）在"种族、民族与认同"（"Race, Ethnicity and Identity"，2004）一文中所提出的："她的简短演说，强有力地挑战了本质主义者的思维，即女人必然弱于男人，以及被奴役的黑人女性不是真正的女人。"

19 世纪末和 20 世纪初，像特鲁斯和哈丽雅特·塔布曼（Harriet Tubman，1822—1913）这样的激进女性主义者带来的结果是，欧洲和北美的投票权运动对女人不在选民名册之列这一现象发起了挑战。

两次世界大战期间，人们需要女人从事工业和手工交易等职业，以填补男人应征入伍而形成的劳动力不足，什么才是合宜的性别角色？——相关看法因此有所波动。尽管人们期待女人在和平时期再次回归家庭操持家务，然而两次大战期间女人独立的体验开启了一次变革进程，由此，性别角色的一成不变——以及有关何为性别的理解——开始崩解。在英国，21 岁以上的女性于 1928 年终于获得了投票权。

c

索杰娜·特鲁斯（Sojourner Truth，1797—1883）是一位生于纽约、在 1828 年纽约州废除奴隶制之前摆脱奴役的女性的化名。她在早期的女权运动中扮演了意义非凡的角色。

这一时期通常被看作**第一波女性主义**，关注点集中在契约权和公民权的平等上，并促进了20世纪60年代末和20世纪70年代间**第二波女性主义**在英国和美国的发展。激进主义在此期间广泛蔓延。在美国，诸如全国妇女组织（National Organization for Women）、全国废除堕胎法协会（National Association for the Repeal of Abortion Laws）和"**康比河团体**"等群体，关注的是婚姻与生育权、家庭、职场平等、性活动以及终结针对女性的暴力。

第一波女性主义（first-wave feminism）指的是19世纪和20世纪初有组织的女性主义运动，通常关注立法议题，例如投票权，以及女性拥有财产、离婚和争取儿童监护的权利。

第二波女性主义（second-wave feminism）描述的是20世纪60年代末至20世纪80年代初这段时期，女性主义的关注点有所扩展，包括事实上的不平等、性活动以及生育权。

康比河团体（The Combahee River Collective）是由黑人女性主义者组成的群体，其中许多成员是女同性恋者，她们大胆表达了白人女性主义运动中的种族主义。这个群体活跃于1974—1980年。她们提出的《康比河团体宣言》是首批呼吁以一种交叉性的方式抵抗压迫的文献之一。

A

与第二波女性主义浪潮相伴随，将性少数群体团结起来且关注同性恋者及跨性别权利的组织与出版物开始赢得更广泛的受众。

美国的两位早期先驱是：路易斯·劳伦斯，她与 20 世纪 50 年代欧洲和美国的一个跨性别者网络有所往来；弗吉尼娅·普林斯（Virginia Prince，1912—2009），她于 20 世纪 60 年代创办了极具影响力的杂志《跨性别服饰》[其早期版本为 *Transvestia: The Journal of the American Society for Equality in Dress*（1952），被苏珊·斯特赖克（Susan Stryker，1961）等理论家认为象征了美国跨性别权利运动的开端]。1969 年，跨性别激进主义者在纽约的"石墙事件"中扮演了关键角色，将性少数群体的权利问题带进了公众视野。越来越多的激进组织在石墙事件之后几年组建起来。

路易斯·劳伦斯（Louise Lawrence，1912—1976） 是位先锋性的跨性别女性。她自 20 世纪 40 年代初以来就作为全然的女性而生活，并聚集起一个广泛的易装者和跨性别者的网络。她也为诸如阿尔弗雷德·金赛和哈里·本杰明等研究者提供帮助。

《跨性别服饰》（*Transvestia*） 是一份独立刊物，面向异性恋的变装者，于 20 世纪 60 年代由跨性别激进主义者弗吉尼娅·普林斯出品。读者们可以将自身的故事和图片投稿发表。

石墙事件（Stonewall Riots） 是 1969 年发生在警方和性少数群体成员之间的一系列抗议运动和暴力冲突。导火索是警方突击搜查纽约的石墙酒吧，这一系列事件催生了激进主义。

A 1974 年，在宾夕法尼亚州匹兹堡，反对堕胎的观点在关于生育权的示威游行中被表达出来。这是紧随美国最高法院 1973 年针对"罗伊诉瓦德案"的决议而产生的，该决议允许人工流产。

B 这些封面出自《跨性别服饰》杂志。据 1963 年其中一期所称，这份杂志是"致力于满足那些性别正常个体的需求，他们发掘了自己的'另一面'并寻求表达"。

#MeToo 是 2006 年由激进主义者塔拉纳·伯克（Tarana Burke，1973— ）创建的推特话题，因 2017 年作为对制片人哈维·韦恩斯坦（Harvey Weinstein）性侵的诸多指控的回应而变得引人注目。数百万计的女人和男人利用社交媒体上的这一话题来揭发他们曾经遭受性侵或性骚扰的经历。

有关性别的理解，从其在生物学上是"固定不变的"到它是一种弹性的、可变的社会建构的转变，是 20 世纪晚期的女性主义者和性少数群体推进的。质疑性别角色固定不变的观念，对于女性主义运动至关重要，因为它挑战了男女之间的不平等在某种程度上实乃先定的理论，它对于许多性少数群体而言也举足轻重，因为它允许在顺性别者和异性恋的"规范"之外存在其他性别角色和性取向。

整个 20 世纪下半叶，激进主义很大程度上并未衰退，紧随第二波女性主义而来的是 20 世纪 90 年代和 21 世纪初更加多样化的"第三波"。在西方，近来的女性主义运动（有时被称为"第四波"女性主义）还在继续多元化发展。

A　1993 年在洛杉矶马孔多，美国朋克乐队比基尼杀戮（Bikini Kill）的成员凯思琳·汉娜（Kathleen Hanna）正在表演。比基尼杀戮时常作为"暴女运动"（Riot Grrrl movement）的先锋被提及，并因其直白的女性主义歌词而广为人知。

B　俄罗斯观念艺术家娜迪亚·托洛孔尼科娃（Nadezhda Tolokonnikova）2017 年在得克萨斯州休斯顿与她的乐队造反猫咪（Pussy Riot）登台表演。这个群体起初是游击式的运动，如今拥有不同类型的成员，并开展即兴的政治主题的公开表演。

Virgin Mary please get rid of Putin

B

包括 **#MeToo** 在内的这些运动关注的是性暴力和性骚扰，最突出的就是男人和女人在权力动态中的不平衡，尤其是在职业领域。这与儿童保育规定，以及执行女性和男性的弹性工作条件等议题捆绑在一起，以此尝试确保工作场所可以实现更高水平的平等。

这些运动挑战了一些陈规，包括继续将儿童保育和家务劳动定义为"女性的职责"，以及将"女性的职责"建构成天然就是低价值的。

这种对于女性气质的贬低，令承担着传统性别角色的女人很难要求与男人平等的地位，男人则很难承担起传统上女性化的角色，或是在不牺牲社会地位的情况下展现女性化特征。

性别陈规也为职业女性制造了难题。英国的管理和招聘专家葆拉·帕菲特（Paula Parfitt）2015 年谈到招聘过程中存在一种无意识的偏见："我们知道，女性候选者通常被根据履历，但男性候选者是根据潜能来评估的，面试官更有可能询问女性而非男性平衡工作与家庭生活的能力。"

关于家务劳动的性别化期待与公共领域的雇佣问题一样，在许多国家都正经历着相关变革。

确保儿童保育会被视为父母双方责任的运动——其中许多是由女性主义运动引发的——已经促成了在立法上不仅对母亲，也对父亲的产假做出规定。

A

A 总部位于瑞典的 Top Toy 玩具公司生产了性别中立的玩具，挑战儿童玩乐中的性别陈规。其产品目录的特色就是刻画儿童在玩传统上与异性相关联的玩具的形象。

B 这些性别中立的品牌标签是查理·史密斯设计公司为英国约翰·刘易斯公司的非性别化服饰产品线设计的。2017 年，约翰·刘易斯成为首家去除性别化服饰标签以挑战童装中的性别陈规的商场。

举例而言，瑞典规定新生儿父亲有三个月产假，相比之下，在英国只有两周的法定休假。在日本，父母双方都有资格享受一年时间的带薪休假。然而，出于有关性别化角色和陈规的文化观念的持久性，鼓励性别上更加平等的政策并非总能生效。比如在日本，少于 2% 的男性会接受这一整年的产假。美国是发达世界中少有的没有法定父方或母方产假的国家，因此政府有关母亲和父亲在儿童保育方面的规定，成为美国女性主义运动中一个十分重要的议题。

女性主义运动也尝试向儿童提供非性别化的玩具或服饰来挑战性别陈规，市场环境由此开始改变。

粉红纠纷（Pinkstinks）运动应对的是女孩只想要粉红衣服或玩具的陈规。英国百货商场约翰·刘易斯对于变化中的市场的再考察，令他们从儿童服装上除去了性别专属标签。这些事例对于展现不断变化的性别理解——这里指的是远离童年时期严苛的性别陈规——可以如何深度影响性别被实践的方式至关重要。

女性割礼（female genital mutilation/FGM）指的是出于非医疗原因而蓄意改变或伤害女性生殖器的所有手术。这可能涉及切除部分或全部阴蒂，以及通过缝合或填塞令阴道口变窄。某些文化中存在这一传统。

A

此类事例也向我们展示，传统上理解性别的方式得到了强有力的辩护。举例而言，约翰·刘易斯陈列性别中立的童装的决策，在社交媒体上引发了一阵暴风雨般的反对声："只存在两种性别，男性或女性。"一位愤怒的顾客发推文说道。另一位顾客称："我的孩子是个男孩，会以男孩的样子来穿衣戴帽……橄榄球服、polo衫、牛仔服……运动鞋等等。"随着性别观念的转变，性别间的界线被划出以捍卫传统的性别角色和经验。

对于性别的看法——正如我们已经看到的——是具有文化特异性的，西方女性主义的关切并非总是全球性的关切。有些人已经质疑了全球女性主义的观念，指出一种针对女性议题的普遍性方法是存在问题的，因为它以来自经济上更发达地区的理论作为基础。

激进主义者什韦塔·辛格（Shweta Singh）在收入《女性主义与迁移》（*Feminism and Migration*，2012）的《闯入"隐藏的"女权主义：来自印度的穆斯林移民女性》（*Transgression into "Hidden" Feminism: Immigrant Muslim Women from India*）一文中对此有所阐

发，以全球性的规模提倡女性权利或性别角色的转换是存在问题的，"既因为社会是集体主义的，也因为女性自身认同家庭和社群的关切，而不仅只认同女人身份或姐妹情谊"。2003 年，女性主义作家钱德拉·塔尔佩德·莫汉蒂（Chandra Talpade Mohanty，1955— ）批评西方的女性主义建构了一种"第三世界女性"的同质类别。这一类别据她所言，忽视了来自经济欠发达国家的女性之间的差异，因此无法令经历着源于不同的历史、地理和文化的挣扎的女性发声——这是交叉性女性主义力图应对的难题（参见第 3 章）。

A　2017 年 1 月 21 日，就在唐纳德·特朗普就职第二天，妇女们沿着宪法大道游行。约有 47 万名游行者抗议特朗普就任总统对于女性权利的影响。标语牌道出了有色人种女性在女性主义运动中的边缘处境。

B　塞梅里安·珍妮特·佩雷（Semerian Janet Pere），17 岁，正在肯尼亚纳罗克为女孩们专设的塔萨鲁安全屋（Tasaru Safehouse）的一间教室中读书。这所安全屋于 2002 年启用，面向那些从割礼或童婚中逃出来的女孩。

此处的核心议题关涉宗教经验和文化传统，包括面纱的穿戴、婚姻习俗、性工作和割礼的实施——这全都与各个国家中的性别角色相关。由华莉丝·迪里（Waris Dirie，1965— ）领导的"马上停止女性割礼"（Stop FGM Now!）运动，组织起一个国际性的反对女性割礼的运动，而女性割礼，正如其术语所言，是"毁损女性生殖器"（female genital mutilation）。其他女性主义者如富安拜·谢·艾买杜（Fuambai Sia Ahmadu，约 1969— ）则呼吁需要理解当地有关信仰和传统的体验，也主张由当地女性自己来领导运动。

B

A

A　2017 年 12 月 27 日，一名伊朗女性，Vida Movahed（被称为革命街女孩），站在德黑兰革命街的一个供电箱上，在人群之中解下面纱，并将之绑在棍子上，向着人群轻轻挥舞。此举旨在抗议伊朗强制女性佩戴面纱，并受到许多效仿，这一系列运动被称为"革命街的女孩们"。当天 Vida 遭到逮捕，一个月后被假释出狱。

B　一群穆斯林女性在柏林最古老的清真寺阿赫迈底亚（Ahmadiyya Moschee）针对 2013 年费曼（Femen）激进团体"国际袒胸圣战日"的游行示威进行反抗议。"作为穆斯林女性的我们，还有那些与我们同一立场的人，需要告诉费曼及其支持者们，他们的行动是事与愿违的，作为穆斯林女性我们对此表示反对，"她们说道。

跨性别—排他性的激进女性主义者（trans-exclusionary radical feminists/TERFs） 这一术语描述的是女性主义运动的一个小分支中的成员，他们希望将跨性别女性从女性主义阵营中排除，并拒绝她们进入女性的空间。

与此相似的讨论控诉了穿戴面纱的做法。从某种女性主义的视角来看，面纱象征着男性对于女性身体的掌控；从另一种女性主义视角出发，穿戴面纱是一种自主性的决定，也是一种抵抗西方价值观的形式，这令面纱成了文化自豪感的标志，而非男权的印记。

记者费萨尔·阿尔·雅菲（Faisal al Yafai）在《卫报》（2008）上撰文评论西方女性主义和关于面纱的自由讨论中他所谓的一种"对服饰的迷恋"："对于某些人来说，面纱似乎成了一种真正的盲点，就算对于西方女性主义者也是如此，他们显然把那些选择戴上面纱的女性当幼童一样对待，即便他们指出男人在其他某些领域像对待幼童一样对待女人。戴上面纱可以是一种自由的、理性的选择的想法看起来无法令他们理解。"越来越多的年轻女性，例如汉娜·优素福（Hanna Yusuf）在利用社交媒体平台发布她们对于戴头巾的女性主义者的认同。

交叉性也涵盖了女性主义与性少数激进主义、跨性别理论、酷儿理论之间的交叠。

女性主义由于未能考虑到那些并不属于二元性别模式的人的体验而遭受批评。一些女性主义理论家——最著名的是贾尼斯·雷蒙德（Janice Raymond，1943— ）——积极反对跨性别权利运动。跨性别—排他性的激进女性主义者是女性主义社群中的一个小分支，他们提出，跨性别女性由于他们作为男性的成长背景所内在的特权而不能真正认同自身为女人。

B

然而，性少数群体和
女性主义运动有许多
共同基础：都试图质疑和挑战
传统上对于性别运作的预设。

跨性别作家们，特别是 20 世纪 90 年
代以来，已经明确表达了其有意识地
针对性别二元模式而建构起来的认同。

举例而言，凯特·博恩斯坦（Kate Bornstein，1948— ）在《性别是
条毛毛虫》（Gender Outlaw，1994）中令根据生殖器来定义的任何性
别分类别都随风消散了："大多数人会依据阴茎或某种形式的阴茎的存在
来定义一个男人。某些人会以阴道或某种形式的阴道的存在来定义一个
女人。可事情并不是那么简单。我认识几个生活在洛杉矶的女人，她们
是有阴茎的。我生活中遇到的许多美妙的男子是有阴道的。还有相当一
些人，他们的生殖器介于阴茎和阴道之间。"博恩斯坦明确称自己不是
在"错误的身体"中，也不属于某种"第三性别"，而是一名"性别法
外者"。

在《执鞭女孩》（*Whipping Girl*，2007）中，跨性别女性主义理论家朱莉娅·塞拉诺（Julia Serano，1967— ）将跨性别恐惧症和同性恋恐惧症都置于对抗性性别歧视的根基中，她将这种性别歧视与传统的性别歧视——"女性气质比男性气质低级"的思想——进行了对比。塞拉诺的著作强调的是跨性别理论多大程度上可以阐明影响所有性别者的议题，也着重说明了跨性别权利运动及女性主义运动可以结盟的途径。

在质疑关于性别的传统理解之外，跨性别激进主义也聚焦于全世界范围内性别多样化者需要面对的特定的难题。

跨性别谋杀监控（The Trans Murder Monitoring）计划可以提供谋杀跨性别者和性别多样化者的全球数据，每年 11 月 20 日，也就是跨性别者纪念日会发布最新数据。仅 2016 年 10 月至 2017 年 9 月间，全球范围内就报出 325 起针对跨性别者和性别多样化者的谋杀。报出的谋杀案件数量在那些针对此类杀害的监控系统就位的国家中最高，但这也意味着缺乏来自其他国家的数据；因此很有可能，存在更多没有上报的谋杀案。公开缅怀那些失去生命的人，有助于凸显和谴责那些针对跨性别者和性别多样化者施行的仇恨犯罪。

跨性别恐惧症（transphobia）
是面向跨性别者采取恐惧、厌恶、歧视或消极的态度。

对抗性性别歧视（oppositional sexism） 指的是怀有男女两性分类乃固定且对立之思想的性别歧视，认为"每个性别都拥有一套独特的且毫不交叠的属性、天分、能力和欲望"。

A 2014 年 10 月 24 日，一场守夜祈祷式在马尼拉州立大学举行，以纪念被残忍谋杀的跨性别女子詹妮弗·劳德。

B 西波罗浸信会（Westboro Baptist Church）成员们在世贸大厦遗址前抗议。他们相信，恐怖主义行为是上帝在惩罚这个存在同性恋，在性与性别化方面道德败坏的世界。

C 堪萨斯州托皮卡的平等之家（Equality House）就坐落在西波罗浸信会的正对面。它被漆成彩虹色，以向同性恋骄傲旗致敬。

除了仇恨犯罪的危险，跨性别者和性别多样化者通常还要面临一系列不同类型的制度性的和个体性的歧视。

这类歧视范围广泛，从暴力——有时甚至是来自公务人员或警察的——到性别误解；媒体上缺失的或误导性的呈现；以及不相称的无家可归和失业的高风险。在美国，尤其显而易见的制度和立法方面歧视的事例近来集中在卫生间法案以及跨性别者服兵役的权利方面。

全球跨性别平等行动（Global Action for Trans* Equality）、消除跨性别恐惧（Wipe Out Transphobia）和同性恋者反诋毁联盟（GLAAD）之类的组织，致力于支持跨性别、性别多样化和性别交叉的利益，主张所有的性别认同都应该去病态化；为支持所有人之权利的立法和制度体系辩护；支持有关性别多样性的更好的教育和觉知。现当代的激进主义也发生在一种个

A

性别误解（misgendering）指的是以不能准确反映某人性别认同的代词或其他词语来指称此人。

卫生间法案（bathroom bills）是指定义公共卫生间的性别化准入的法律条文。这些法令的目的是阻止跨性别者进入适合他们自身认同的性别的公共设施。

A　影片《橘色》（*Tangerine*）探讨的是跨性别街头文化。它聚焦在两名由跨性别演员扮演的跨性别女子身上，她们力图在洛杉矶的街头生存。这部影片是以 iPhone 5s 手机拍摄的，首映于 2015 年圣丹斯电影节。近年来，跨性别体验的媒介呈现已经变得更加多样化了，也从主流文化中获得了更多关注。

B　《鲁保罗变装皇后秀：全明星》（*RuPaul's Drag Race: All Stars*）的参赛者排成了一行。作为风靡的《鲁保罗变装皇后秀》的副产品，这场秀的特色是变装皇后们为变装名人堂的一个席位而战。

B

体的层面上，社交媒体和其他在线活动在其中扮演了重要角色。在此之外，每一个选择去展现性别化能动性的人，都对变化中的态度有些微小的贡献，拓宽了人们对于性别多样性的接受度，并鼓励个体和社群去质疑许多人视为理所当然的性别规范。

暴力与歧视的事例需要获得关注，但是激进主义已经在一些领域带来了积极的变革。

许多国家已经经历了意义非凡的转变，不再将性别看作一种只认可男女两性分类的二元构造。2016年英国福西特协会（Fawcett Society）的一项研究发现，68%的年轻人相信性别并非二元的，与此同时，美国有半数的年轻人在接受调查时称，他们不会把性别看作只局限在男性和女性的分类中。

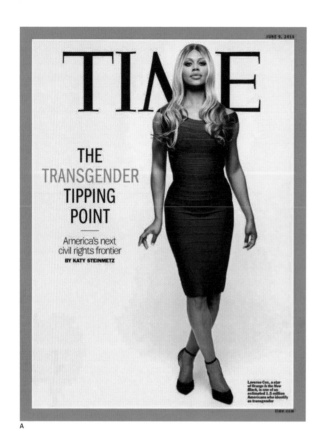

A

有关性别之理解和体验的转变，正在融入日常语言。非二元的人称代词例如单数的"they"或"their"在年轻人间越来越常见，"genderfluid"这个词语 2016 年被收进牛津词典，定义一个人并不认同某一单一固定的性别。性别中立的卫生间在英国的大学里很普遍，下议院议长约翰·伯考（John Bercow）正在推动伦敦国会大厦里设置非性别化的盥洗室。

激进主义的影响已经波及零售和媒体领域，非二元性别的表征也越来越普遍。

流行电子游戏《模拟人生》（Sims）已经加入了性别多样化的角色，电视和电影中也已经塑造了大量的跨性别角色。脸书最近也为用户开放了诸多性别"选项"。JW Anderson, Rick Owens, Zara 和 H&M 等公司供应性别中立的服饰。GFW (Gender Free World) 服饰为不同体型而非不同性别开发了三种型号的衬衫，布奇服装公司（The Butch Clothing Company）为男性气质的女人设计服饰。

2014 年，《时代》杂志推出了一期"跨性别临界点"（Transgender Tipping Point），以反思这些社会—文化变革，以及那些认同跨越、居间或超越男女两性分类的人在文化可见度方面的急剧提升。一年之后，英国和美国的媒体（BBC 新闻，CNN 新闻）宣布 2015 年为"跨性别之年"（Year of Transgender）。

《金融时报》在其 2015 年年终盘点专稿末尾写道："一个词总结这一年——跨性别：性别讨论成了一件细致入微的、流动的、'非二元'的事情。"

一些重要的文化评论已经专注于跨性别之年对于年轻一代更广泛的后续影响。英国和美国的媒体，例如《卫报》和《青年时尚》（*Teen Vogue*），在报道中宣称，千禧世代——或 Y 世代——拒绝传统的性别标签和规范。

还有许多证据表明，传统的性别认同和表达如今很少被僵化地体验，特别是在当下社会的年轻人中，尤其是——尽管并非仅限于——在西方。与此相应，性别多样化者的平等问题在许多国家都被提上了政治日程，近年来已经产生了针对其权利的更大力度的立法保护。

A

A 艾玛·沃森（左）因《美女与野兽》（*Beauty and the Beast*）获得了一个最佳演员的电影奖项，在 2017 年于洛杉矶圣殿礼堂举办的 MTV 影视奖现场，她正在从非二元性别的出演《亿万》（*Billions*）的演员艾莎·凯特·狄龙（Asia Kate Dillon）手中接过奖杯。这一事件因推动了性别中立奖项而意义非凡。

B 跨性别女子温迪·伊列帕（Wendy Iriepa）和男同性恋者伊格纳西奥·埃斯特拉达（Ignacio Estrada）2011 年 8 月 13 日在古巴哈瓦那成婚，他们乘坐一辆复古轿车离开时，挥舞着同性恋骄傲旗。伊列帕的变性手术费用是由古巴政府来负担的。

在英国，2004 年的《性别承认法案》（*Gender Recognition Act*）给予跨性别者变更出生证明，以及以后天性别结婚的权利。承认跨性别者后天性别的法律已经在克罗地亚、捷克、丹麦、芬兰、法国、德国、爱尔兰、意大利、荷兰、挪威、波兰、葡萄牙、罗马尼亚、瑞典和西班牙通过。欧洲之外，承认跨性别的立法已经出现在巴西、加拿大、哥伦比亚、厄瓜多尔、伊朗、日本、南非、乌拉圭、印度、孟加拉国和越南。2012 年，阿根廷被誉为世界上对跨性别最为友好的国度，因为它宣布一个人的正式性别可以根据自我声明而改变，不需要依据医学或法律专家的权威。2017 年 11 月，一处德国法庭裁定，既不认同男性也不认同女性的人，包括性别交叉者在内，可以正式注册为第三性别。

如上讨论就性别的未来提出了一个至关重要的问题：我们正在迈入一个无性别的世界吗？

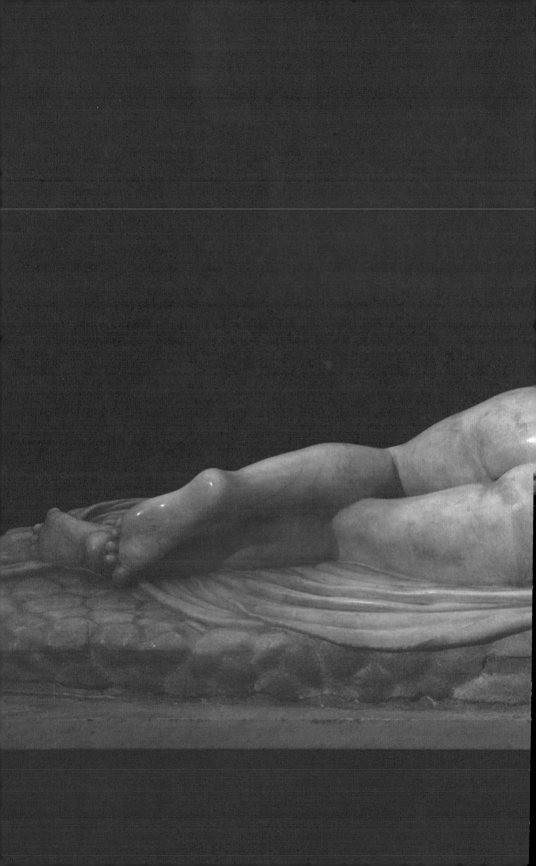

结语
Conclusion

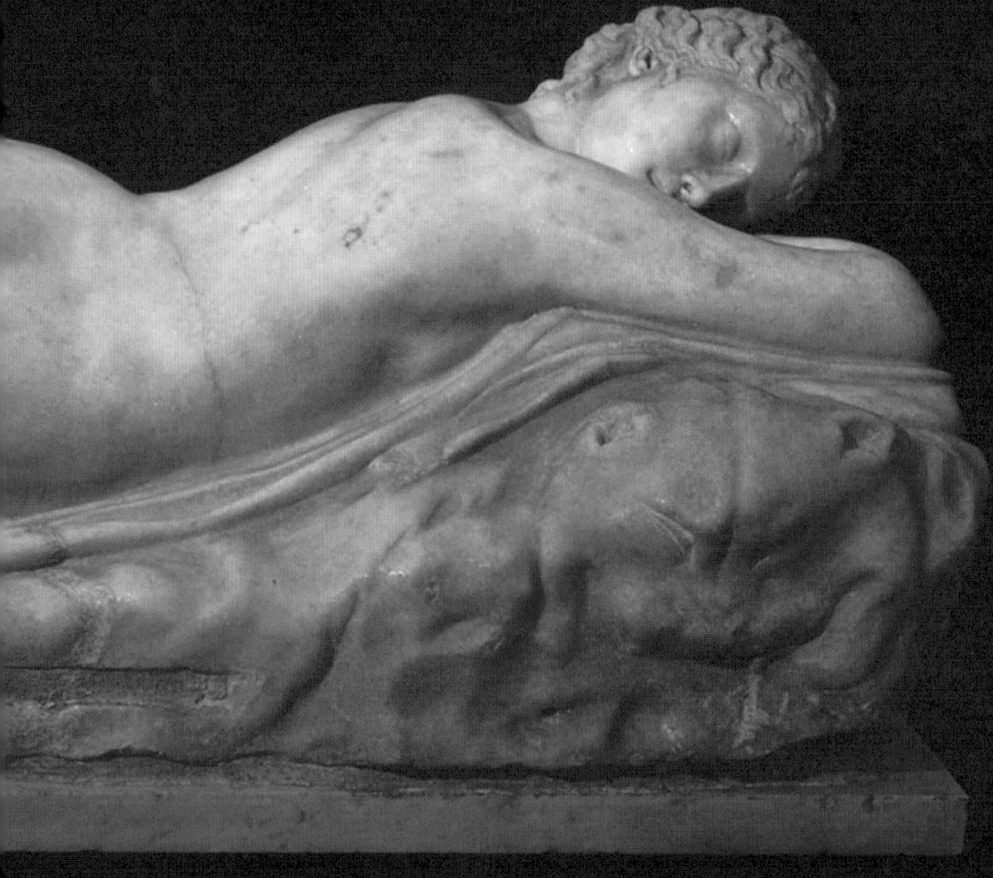

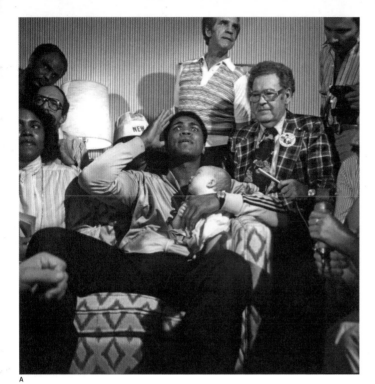

A

核心信念（core beliefs）是有关我们自身、他人以及周遭世界如何运作的根深蒂固的理解和预设。人们通常无意识地持有这些信念，它们很难被识别和改变。

我们某些最深层的核心信念，以及我们文化中最基本的结构，都是围绕性别而建构的，这令性别成了我们彼此划分类别的一种首要途径。我们的大量社会角色和期待是以性别为基础的，从谁"理应"承担子女抚养或领导角色，到谁"理应"穿着哪些款型的服饰，有哪些嗜好，甚至是体验哪些感受。

不过性别并非总是这种归类的坚实基础。

性别的每一个面向，无论是生理方面、社会角色还是个人认同，都很容易因社会不同和个人差异而改变，即便是同一个人在不同时期也会有所变化。

本书第 1 章检视了关于性别的生物学观点，这类观点认为，男性和女性的分类是由基因决定的，因此也是固定不变的。然而，生物学上的性别相当复杂，并非总是可以泾渭分明地划分为男性或女性。此外，性别的体验和实践途径，远比某个生物学方法所能解释的要错综复杂。

性别的社会性建构要素在第 2 章有所探讨，来自不同时期、不同地区和不同社会的事例被用来证明，性别角色是易于改变的。围绕性别的规范和价值观是被一系列彼此交错的因素创建的，包括政治、经济、宗教、信仰、社会阶层、种族和民族。

A 1978 年，美国重量级拳击手穆罕默德·阿里（Muhammad Ali）在战胜利昂·斯平克斯（Leon Spinks）赢得冠军后，怀里抱着他的女儿莱拉（Laila）。

B 怀孕对于田径运动员阿莉西娅·蒙塔诺（Alysia Montaño）来说不是障碍。2004 年在加利福尼亚萨克拉门托的黄蜂体育场举办的美国田径户外锦标赛上，她在等待女子 800 米首轮比赛开跑。

A 2016 年，巴基斯坦的跨性
别女性们在跨性别激进主
义者阿莉莎（Alisha）的
尸体旁祈祷，阿莉莎在巴
基斯坦西北部城市白沙瓦
遭不明身份武装分子袭击
身亡。在医院时，工作人
员一时无法决定将她安置
在哪间病房，根据报道，
此类延误加速了她的死亡。

B 图为献给 18 岁的安吉·
扎帕塔（Angie Zapata）
的拼贴画，2008 年她被
艾伦·安德雷德（Allen
Andrade）残忍杀害，起
因是安德雷德发现她是个
跨性别女子。安德雷德是
美国首位被指控涉嫌跨性
别受害者的仇恨犯罪者。

性别的社会化塑造着每个人展现自身
性别的方式，我们期待的人们基于自
身性别所扮演的角色，并不会随着时
间推移而一成不变，在不同文化和社
群之间也不会保持一致。

在第 3 章中，我们细致探察了性别多样化的经
验和身份认同。我们发现，有史以来就存在性别
认同多样化的人，但他们有时是以不同方式被指
称，或是借助不同的科学和社会范式来理解的，
这取决于历史和文化语境。

第 3 章开始探究那些认同跨越、居间或超越传统男 / 女两性
分类的人所遭遇的性别二元模式的困境。在某些非西方国家，
性别多样化者在融入社会方面有着悠久的历史，然而在其他
国家，社会的和文化的理解、表现以及法律和政策如今正在
拓展，以更多地将生存在性别二元论之外的人考虑进来。与
此相应，更广泛的选项在为今天许多人表达性别而开放。这
样的社会变革强调了一个事实，即性别是不断演化的。

尽管全球范围内 对于跨性别经历了社会态度、 文化可见度和法律与 政策方面的重大变革， 跨性别者和性别非二元者 仍然面临阻碍。

许多国家尚未立法承认跨性别，纵览已有相关立法的国家，大多数仍然维持在一个须得由精神科专家来认证跨性别者的框架内。跨性别在世界上很多地方仍被病态化。跨性别者的自残和自杀，尤其是在年轻人中间，比例显著高于非跨性别者。工作场合的歧视依旧不稀奇。跨性别者在家庭内部和公众场合也面临骚扰和暴力。针对跨性别者的谋杀行为不计其数，特别是有色人种的跨性别女性——令人不安的是，利用法律认可的**跨性别恐慌防卫**，有时可以被判定无罪。

跨性别恐慌防卫（trans panic defence）是一种法律认可的防卫，施行犯罪者（通常是暴力的）在法庭上声称他们因受害人的跨性别身份而惊恐，导致丧失自我控制能力。在美国，这样的辩护方式已经被无数次使用，例如 2003 年针对强奸和谋杀跨性别男子布兰登·蒂娜（Brandon Teena）的审判。

A 图为 2014 年安德鲁·洛根（Andrew Logan）另类小姐世界的胜出者——俄罗斯行为艺术家"Miss Zero +"萨莎·弗罗洛娃（Sasha Frolova）。这一届的主题是氖数（neon numbers）。洛根最初于 1972 年开办了这项赛事，受到克鲁夫特（Crufts）犬赛的启发，根据姿态、个性和原创性授予奖项。任何人都可以参赛。

B 运河游行（The Canal Parade）是阿姆斯特丹"同性恋骄傲"（Gay Pride）活动的一大亮点。这是荷兰每年一度的最大规模的公众事件之一，荷兰是个对于性少数社群具有相当高社会接受度的国家。如图所示，大游艇上宣示着变装和跨性别社群的团结与自豪。

顺性别的男人和女人们，与跨性别者和非二元者一样，也会发觉他们的选择受到社会期待他们能扮演何种角色的限制。男人通常被期待克制他们情感的幅度和表达；为他们的家人提供经济支持；为维持社会地位而面对甚至施展身体暴力；或是选择承担工作，胜过参与子女抚养。女人则面临更大范围的诸多难题，从贫困的高风险、性骚扰和性暴力，到教育、生育权利和充足的医疗保健的缺失，再到包办婚姻、工作场合的歧视以及性别薪资差异。

正如本书第 4 章所描述的，性别化的不平等已经成为激进主义的主攻对象，全世界的女性主义者、平等主义者、男性权利激进主义者和跨性别激进主义者都在为此而斗争。

尽管性别像一个结构化的设置在运作着，限制了女人、男人和非二元者的生活，它同样有如一个发挥能动作用的场所，个体或团体可以作业于其中来重塑他们的性别化经验，影响不断变化的对于性别的理解。

显而易见的是，认为性别实乃多样化的看法并不普世。许多人仍旧主张，性别是"天生固有的"。但是通过考察现存的性别实践方式的广度，不论是在今天，还是纵贯整个人类历史，我们都可以清楚地看到，性别并非一种一成不变的特性。更进一步而言，在传统上性别化的社会角色和日常的性别化体验之间的断裂处，浮现的是针对跨性别者、性别多样化者以及顺性别者的**系统性不公正**之处，这限制了个体和集体的潜能。

我们所在的世界距离性别中立依然遥远，但是朝着性别流动性迈进将是喜闻乐见的。
性别的流动性会赋予所有人更大的可能性。

平等主义者（egalitarians）
相信，所有人类在价值上都是平等的，理应被社会平等地对待，不论性别、性倾向、种族、宗教、能力、阶级或政治立场。

系统性不公正（systemic injustice） 是内在于某一社会、经济或政治系统的不公正，也就是说，这种不公正是由该系统自动施加的。

索引
Index

插图相关的条目以粗体标出